全国中等职业技术学校化工工艺专业教材

基本有机化工工艺

人力资源和社会保障部教材办公室组织编写

中国劳动社会保障出版社

图书在版编目（CIP）数据

基本有机化工工艺/人力资源和社会保障部教材办公室组织编写. —北京：中国劳动社会保障出版社，2011

全国中等职业技术学校化工工艺专业教材

ISBN 978－7－5045－8927－9

Ⅰ.①基… Ⅱ.①人… Ⅲ.①有机化工-生产工艺-职业高中-教材 Ⅳ.①TQ2

中国版本图书馆 CIP 数据核字（2011）第 043963 号

中国劳动社会保障出版社出版发行

（北京市惠新东街 1 号　邮政编码：100029）

出 版 人：张梦欣

*

北京市艺辉印刷有限公司印刷装订　　新华书店经销

787 毫米×1092 毫米　16 开本　10.25 印张　243 千字

2011 年 4 月第 1 版　　2024 年 2 月第 5 次印刷

定价：18.00 元

营销中心电话：400-606-6496

出版社网址：http://www.class.com.cn

http://jg.class.com.cn

前 言

随着我国化学工业的迅速发展，化工企业对从业人员的知识和技能以及相关的职业教育和职业培训提出了更高的要求。为了更好地适应全国中等职业技术学校化工工艺专业的教学需要和企业的用人要求，我们组织全国有关学校的一线教师和行业专家，开发了一套化工工艺专业教材。

本次开发的教材包括《化学基础》《化工单元操作》《化工机械基础》《化工电气与仪表》《化工分析》《化工识图》《化工安全与环保》《化工企业班组管理》《基本有机化工工艺》《无机物生产工艺》和《合成氨生产工艺》，其中，《化工识图》和《合成氨生产工艺》配有习题册，供学生课后练习使用。整套教材做到了结构紧凑、内容简明、脉络清晰，在表现形式上有所创新。

这次教材开发工作的重点有以下几个方面：

第一，体现行业发展现状和趋势，彰显时代特色。教材编写过程中，努力做到以市场需求为导向，根据化工行业的发展，合理选择教材内容，尽可能多地在教材中介绍化工行业的新知识、新技术、新工艺和新设备，突出教材的先进性。同时，严格执行国家有关技术标准。

第二，突出职业教育特色，重视实践能力的培养。以职业能力为本位，根据化工工艺专业毕业生所从事职业的实际需要，适当调整专业知识的深度和难度，合理确定学生应具备的知识结构和能力结构。同时，进一步加强实践性教学的内容，以满足企业对技能型人才的要求。

第三，创新教材编写模式，激发学生学习兴趣。按照教学规律和学生的认知规律，合理安排教材内容，并注重利用图表、实物照片辅助讲解知识点和技能点，为学生营造生动、直观的学习环境。

本套教材可供全国中等职业技术学校化工工艺专业选用，也可作为职业培训教材。教材的编写工作得到了山东、四川、河南、云南、广西等省、自治区人力资源和社会保障厅及有关学校的大力支持，在此，我们表示诚挚的谢意。

人力资源和社会保障部教材办公室

2011年3月

内容简介

本教材根据学校的教学需要和企业的岗位要求进行编写，力求做到内容精练实用，易于学生学习。本教材在每章都加入了安全生产管理知识，以及生产过程异常现象、产生原因和处理方法措施，突出了职业教育特点。教材主要内容分为七章，包括有机化工基本知识、烃类裂解生产乙烯和丙烯、乙炔的生产、甲醇的生产、甲醛的生产、乙酸的生产和苯乙烯的生产。各部分教学内容参考学时见下表。

本教材由刘斌、何鸿武、邓永智编写，刘斌主编，陆江春审稿。

《基本有机化工工艺》参考学时

教学内容	总学时	讲授学时	训练学时
一　有机化工基本知识	16	14	2
二　烃类裂解生产乙烯和丙烯	30	22	8
三　乙炔的生产	14	8	6
四　甲醇的生产	14	8	6
五　甲醛的生产	12	6	6
六　乙酸的生产	14	8	6
七　苯乙烯的生产	12	6	6
总　计	112	72	40

目　录

第一章　有机化工基本知识

第一节　概　　述

学习目标

通过学习本节，学习者应能达到下列目标：

1. 解释基本有机化学工业的概念，熟记《基本有机化工工艺》课程的内容。

2. 对有机化工产品进行分类，熟记基本有机化学工业的地位和在国民经济中的作用。

3. 举例说明基本有机化工生产的特点。

一、基本有机化学工业与《基本有机化工工艺》课程

有机化学工业是用合成的方法生产有机化工产品的工业，它可分为以下三个门类：

1. 为生产其他有机化工产品提供原料的基本有机化学工业。

2. 生产合成树脂及塑料、合成纤维、合成橡胶的高分子化学工业。

3. 生产合成染料、医药、农药、香料、专门助剂、洗涤剂、添加剂等精细有机化工产品的精细有机化学工业。

基本有机化学工业是用有机合成的方法，以煤、石油、天然气及产量较大的农、林副产品为最原始的原料，生产乙烯、丙烯、丁二烯、苯、甲苯、二甲苯、乙炔、萘，以及其他有机原料的工业。由于它生产的产品主要是为其他工业部门提供的原料，而且所需的数量又非常大，所以基本有机化学工业又称为重有机合成工业。

《基本有机化工工艺》是讲述基本有机化工产品生产过程的一门课程。本课程主要讲述典型基本有机化工产品的性质、用途、生产原理、工艺影响因素、主要反应设备的结构、生产工艺流程、生产操作中异常现象的发生原因与处理方法，以及安全生产知识。

二、基本有机化学工业的产品分类、地位和作用

1. 有机化学工业的产品分类

(1) 最基本的有机原料

这一类产品最重要的有乙烯、丙烯、丁二烯、乙炔、苯、甲苯、二甲苯、萘共八种，即“三烯、三苯、一炔、一萘”，它们是从天然资源开始，经过一次或几次化学加工，再经过适当的方法处理制得。例如，石油经裂解分离获得烯烃；煤经干馏得到煤焦油、粗苯等，再从粗苯中分离出芳烃。这一类产品是有机化学工业的基础，也是制取各种有机化工产品最基本的起始原料。

(2) 重要的有机原料

一些重要的有机原料可利用最基本的有机原料，经过进一步的化学加工而获得。例如，利用石油裂解气中的乙烯和丙烯来合成乙醇和丙烯腈，利用煤焦油和粗苯中的对二甲苯制取

合成纤维的单体对苯二甲酸等。这类产品主要有甲醇、乙醇、乙二醇、甘油、甲醛、乙酸、乙酐、丙酮、邻苯二甲酸酐、苯乙烯、苯酚、丙烯腈、氯乙烯等几十种。在这类产品中，有些本身就可作为最终产品，具有独立的用途，如当作溶剂、萃取剂、解冻剂等，而大部分则作为生产助剂、辅助材料和专用中间体，以及生产塑料、橡胶、纤维的原料。

（3）助剂、辅助材料和专用中间体

包括增塑剂、表面活性剂、燃料抗振剂、橡胶配合剂（如促进剂、防老剂、软化剂等）和印染行业所用的各种助剂，以及合成医药、农药、染料、炸药等产品的专用中间体。这类产品的特点是化学结构复杂，品种也较多。

（4）有机化工产品

包括合成橡胶、合成塑料、合成纤维以及各种农药、医药、染料、涂料、香料、炸药等。这类产品品种繁多，大部分是与广大消费者直接相关的最终产品。

2. 基本有机化学工业的地位

基本有机化学工业主要生产最基本的有机原料和重要的有机原料，并为合成助剂、辅助材料、专用中间体和有机化工产品提供原料。对上述四类有机化工产品相互间的关系，可以作一个形象的比喻，天然资源是肥沃土壤，有机化学工业是一棵果树，第一类产品是这棵果树的根基，第二类产品是树干，第三类和第四类产品是果树的树叶和果实，要使树叶茂盛，果实丰硕，必须使根基深固，树干茁壮。可见，基本有机化学工业是重要的基础工业，离开了基本有机化学工业，其他的合成工业就得不到发展。

3. 基本有机化学工业在国民经济中的作用

基本有机化学工业是化学工业中最重要的部门之一。它所生产的产品种类多、数量大、应用范围广、配套性强，发展基本有机化学工业对国民经济的发展和人民生活的改善起着十分重要的作用。

从直接使用来说，某些基本有机化工产品在农业、工业和人们的日常生活中起着重要作用，如二氯乙烷、二硫化碳可作农药和除锈剂，一些醇类和酯类产品可作溶剂和增塑剂，在冷冻技术中用烃类的衍生物（如氟利昂）作为冷冻剂，在汽车运输和航空业中用四乙基铅、异丙苯作为抗振剂，用乙二醇作抗冻剂。

从间接使用来说，可以从如下几点来说明基本有机化学工业在国民经济中的重要作用。

（1）为农业现代化提供物质条件

以基本有机化工产品为原料可生产许多重要的支农产品，如橡胶、塑料、农用薄膜、化肥、杀虫剂、除草剂和植物生长调节剂等。据统计，每年使用化学农药防治病虫害，可增收粮食 0.15 亿 t。有的化工产品可直接替代由农产品经加工而制得的产品，例如，用合成酒精替代由粮食酿造的酒精，这就大大地节省了粮食，减少食用物资的工业消耗。据统计，每生产 1 t 95% 的合成酒精，可节省 4 t 玉米或 10 t 左右的红薯。发展合成纤维和合成橡胶工业及其所需的原料，既可使人类摆脱单纯地依赖农业来解决日常衣物、工业用织物和多类橡胶用品的问题，又可扩大农田面积，为农业增产提供保证。例如，生产 1 t 合成纤维，相当于增产 7 000 m 棉布，节省 16.75 亩耕地生产的棉花。又如，生产 1 000 t 异戊二烯合成橡胶，相当于节省 2 万亩耕地所种植的三百多万棵橡胶树，同时还可节省大量劳动力。

（2）为冶金、交通、能源、机电、建筑、电信、国防等各部门提供各种配套的原材料

以基本有机化工产品为原料生产的合成材料发展迅速，不仅能代替钢材、有色金属、传

统建筑材料、天然橡胶、棉、麻等天然材料，而且其某些性能超过了天然材料。这些合成材料所制成的管、板、棒等型材和设备、容器等，都广泛应用于冶金、交通、能源、机电、建筑、电信、国防等各部门，如 1 t 聚甲醛可代替 7 t 铜；一辆汽车的部分零件平均需用 45 kg 的塑料，代替了 100 kg 以上的金属材料；一架喷气式飞机需特种性能橡胶 600 kg 以上；一种特殊性能的新型酚醛塑料可用于制造火箭的锥形头；用不饱和聚酯塑料可作汽车、游艇的外壳，质轻并且能节省大量钢材。

（3）为微电子、信息、生物工程、航天技术等高新技术产业提供新型化工材料和产品

随着高新技术产业的发展，以基本有机化工产品为原料生产的一些化工产品，已成为部分高新技术产业的特种溶剂、高能燃料和具有特殊性能的合成材料和原材料。如我国自行研制成功的长征二号捆绑型运载火箭和卫星，需化工配套的化工产品有化学推进剂、特种胶片、橡胶制品、涂料及高性能复合材料等。

（4）为人们提供大量的生活用品

以基本有机化工产品为原料生产的化工产品，直接为人们日常的衣、食、住、行服务，提高了人们的生活质量。

三、基本有机化工生产的特点

1. 生产规模大型化

基本有机化工产品的生产装置具有流程长、设备大的特点。大型化的优点是能量利用合理，如国内有年产量为 100 万 t 的乙烯装置。

2. 原料来源丰富，生产路线多

我国的煤、石油和天然气等自然资源储藏量较丰富，为基本有机化学工业的发展提供了丰富的原料资源。因此，以煤、石油和天然气为原料的基本有机化学工业，发展潜力很大。

知识拓展

据最新资料显示，我国石油远景资源量 1 086 亿 t，地质资源量 765 亿 t，可采资源量 212 亿 t，勘探进入中期；天然气远景资源量 56 万亿 m^3，地质资源量 35 万亿 m^3，可采资源量 22 万亿 m^3，勘探处于早期；煤层气地质资源量 37 万亿 m^3，可采资源量 11 万亿 m^3；油页岩折合成页岩油地质资源量 476 t，可回收页岩油 120 亿 t；油砂油地质资源量 60 亿 t，可采资源量 23 亿 t。

生产路线多，即同一产品可以用不同的原料以不同的生产方法获得。如以前用乙醇脱水制取乙烯，现在则是从石油裂解气中取得。目前，由于乙烯来源丰富，工业上已采用乙烯水合法制取乙醇。又如乙醛可以由乙炔水合法生产，也可以由乙烯氧化法生产。所以，各厂可以根据资源情况，以及生产技术水平和设备条件，采用不同的生产技术路线，并尽量采用最新的工艺、最新的技术和最简化的流程来生产。

3. 有中间产品、联产品和副产品产生，综合利用率高

在基本有机化工产品的生产过程中会产生各种中间产品、联产品和副产品，这些产品通常可以回收使用，以提高经济效益。例如，在粗石油裂解制取乙烯的同时，还可以回收大量的有用副产品，如甲烷、氢气、丙烯、丁二烯和芳烃等，甲烷和氢气可以用来生产甲醇和氨，丙烯、丁二烯和芳烃都是重要的基本有机化工产品，可以进行全面的综合利用。

4. 生产过程中广泛采用先进技术

（1）生产过程中所进行的化学反应，通常在有催化剂存在的条件下，在气相或液相中

进行，如加氢与脱氢、水合与脱水、卤化与卤化氢加成、硝化等。催化剂性能的优劣对产品的产量和质量影响很大，所以要求选择活性高、寿命长、选择性好并且耐磨损的催化剂。

（2）许多化工操作是在高温或低温、高压或负压下进行的。例如，石油气裂解生产乙烯与丙烯时，操作温度为 1 073 ~1 123 K；裂解气的分离却是在 173 K 的低温和几兆帕的压力下进行的；由异丙苯制苯酚和丙酮则在负压下进行操作。高温或深冷都会引起金属材料力学性能的变化，因此，工艺上要求提供优质的耐高温或耐低温的合成钢材。

（3）很多原料对普通钢材具有腐蚀性，如有机酸或无机酸、碱、盐的溶液以及福尔马林、高压氢气等。为了防止化学腐蚀，工厂采用合金钢或合成材料（如工程塑料）制造设备，或在普通钢材表面采取防腐措施，例如涂耐酸搪瓷、衬塑料等，用来保护设备，以防腐蚀。

（4）在生产中，由于化学反应复杂，除获得主要产品外，还会得到不少副产品，而高分子合成材料的生产对聚合级原料单体的纯度要求较高，必须采用分离新技术，如萃取、共沸蒸馏、超吸附等特殊分离技术，才能把沸点相近的组分进行分离，得到符合标准的产品。

（5）基本有机化工产品的生产连续化程度高，生产工艺条件要求严格，在生产中还要经常处理有毒、易燃、易爆、有腐蚀性的物料，靠手工操作很难实现安全生产。为了减少或避免意外事故的发生，提高生产的操作水平和效率，保证安全生产和产品质量的稳定，在生产中常应用 DCS 集散控制系统、智能仪表及自动化技术等新技术。

四、我国基本有机化学工业的发展方向

目前，化工行业新产品、新技术不足是制约我国化工行业发展的最大瓶颈。因此，大力促进科技自主创新，为传统化工产业提供技术支持，是我国基本有机化学工业的发展方向。以下几个方面是发展的重点。

1. 采用新的合成方法与技术

新的合成方法与技术可以提高化学合成的选择性、反应速率及改善反应条件等。新的催化技术有相转移催化、纳米粒子催化、氟粒子催化、超强酸超强碱催化等，新的合成方法有电化学合成、超临界状态下化学合成、室温和低温下化学合成等，新的生物化学合成法有发酵工程、酶工程和基因工程等。

2. 采用高新分离技术

高新分离技术可以提高产品质量或纯度，提高产品收率，利于处理副产品和利于节能减排。高新分离技术有膜分离技术、超临界流体技术、新蒸馏技术、新结晶技术等。

3. 采用新的加工技术

新的加工技术可生产出纳米材料、智能材料、超导材料、隐身材料和耐高温、高强度、高硬度、抗腐蚀的材料。新的加工技术有纳米技术、复合材料技术、高聚物改性技术、复配技术等。

4. 采用绿色化学技术

绿色化学技术是指用物理和化学的方法和技术去设计、研制对人类健康、社会安全、生态环境无害的化学产品和生产工艺，实现“零排放”，充分利用资源，打造化工生产循环经济圈，从源头上阻止化学污染，确保化工清洁生产。

5. 采用新型环保与能源技术

新型环保与能源技术有燃料电池、储能技术、热泵技术、热管技术、催化剂燃烧技术、再生资源利用技术、洁净煤技术、热化学循环将 H_2O 分解为 H_2 和 O_2 技术、固体废物回收技术等。

6. 采用多功能化工设备

新型的多功能化工设备可以实现不同功能，达到高转化率、高选择性、节能和减少污染的目的。

知识拓展

基本有机化学工业的发展概况

基本有机化学工业的发展与原料的来源具有密切的关系，利用农、林副产品获取基本有机化工产品具有悠久的历史，如用农作物的皮、壳、秆水解生产糠醛，利用粮食、薯类发酵酿酒，用木材干馏制取甲醇。随着技术水平的不断提高，利用生物质来制取基本有机化工产品，将逐渐显现出其在原料方面的强大优势。

到19世纪中叶，随着钢铁工业的发展，以煤为基础的染料化学工业得到迅速发展，用煤焦油中的芳烃来制取染料、香料和药物等。1895年，第一个电石厂建成，最初是利用电石制乙烃气切割和焊接金属，直到1910年，才发展出了乙炔化学工业，利用乙炔生产乙醛、醋酸、丙酮等化工原料及三大合成材料的单体。到20世纪30年代初，以天然气、石油为原料的石油化学工业出现，由于天然气、石油资源丰富，用其生产烯烃、炔烃、芳烃的工艺方法远比电石乙炔法简单、先进，且成本较低。

20世纪40年代末期，石油化学工业开始兴起，化学工业的原料迅速由无机物、煤炭及农、林副产品转换为天然气和石油，利用天然气和石油为原料生产烯烃（乙烯、丙烯等）。以乙烯、丙烯为原料，可以合成出品种多、价格低廉的有机化学产品和高分子材料。20世纪50年代至60年代，以天然气和石油为原料的基本有机化学工业迅速发展，形成了以天然气和石油为原料的石油化学工业。到20世纪80年代，在技术发达国家，以天然气和石油为原料的有机化工产品已占有机化工产品总量的90%以上。乙烯是基本有机化学工业最重要的产品，它的发展带动着整个有机化学工业的发展。因此，乙烯产量往往作为一个国家基本有机化学工业发展水平的标志。

第二节　化工生产工艺中的基本概念

学习目标

通过学习本节，学习者应能达到下列目标：

1. 区分不同的化工原料和各种化工产品的基本概念。
2. 解释转化率、产率和收率的概念，并说明它们之间的关系。
3. 解释空间速率、接触时间和消耗定额的概念。
4. 解释催化剂的概念，以及催化剂的活性、选择性和使用寿命；举例说明催化剂的组成，说明催化剂的活化、使用、衰退及再生的含义；举例说明催化剂的正确使用方法，解释催化剂衰退的原因。

5. 说明基建完工后第一次开车的四个阶段的任务；解释三种停车的含义，举例说明三种停车后的常见处理方法。

一、化工原料和化工产品

1. 化工原料

化工原料按物质来源可分为无机原料和有机原料。化工原料按生产程序通常分为起始原料、基本原料和中间原料。起始原料是指人们经过开采、种植、收集等生产劳动而获得的原料。基本原料是指由起始原料经过加工制得的原料。中间原料是指由基本原料再加工制得的原料。例如，从矿山中开采出来的煤是起始原料；当煤与石灰在电炉中熔融制得电石时，电石是基本原料；当电石与水作用得到乙炔，又可由乙炔生产乙醛、醋酸、丙酮等中间原料。

（1）无机原料

起始无机原料主要是空气、水和化学矿物，通过一系列的工艺过程，可生产出作为基本无机原料的酸、碱、盐和氧化物四大类产品。酸 、碱、盐及氧化物在某些生产部门是化工原料，但在某些生产部门又是化工产品。这些原料不仅在化工生产中用途很广，而且在其他工业部门的生产中也应用较广。

（2）有机原料

起始有机原料主要是农、林副产品，以及煤、天然气和石油。基本有机原料主要是烃类，如脂肪烃、芳香烃等。中间有机原料往往是中间体，它们的种类很多，如烃类的含氧化合物（甲醇、乙酸、丙酮等）、烃类的含氮化合物（苯胺等），以及烃类的含氯、含氟及含磷化合物等。

2. 化工产品

在化工生产中常用到下述有关化工产品的基本概念。

（1）产品

通过生产过程加工出来的物品即产品。化工产品一般是指由原料经化学反应、化工单元操作等加工方法生产出来的新物料。产品出厂前都要经过一定的质量检验，化工产品的质量通常用纯度或浓度来衡量，还可用其他指标（如外观、颜色、粒度、晶型、黏度、杂质含量等）来区分，根据产品质量的好坏分为不同的等级。有时也根据不同用途的要求，生产不同规格（如粒度、晶型、黏度、聚合度、浓度等）的产品。不同等级、不同规格的产品，用途不同，价格也不同。

（2）成品

加工完毕，经检验达到质量要求，可以向外供应的产品即成品。

（3）半成品

在原料经过几个生产步骤的处理过程中，其中任一中间步骤所获得的产品均称为半成品或中间产品。半成品一般不出售，只供给后续工序的生产作为原料使用。半成品也应达到一定的质量指标，以满足后续工序生产的要求。

（4）副产品

生产过程中附带生产出来的非主要产品称为副产品。在化工生产中，由于发生副反应或其他原因，在生成某种主要产品的同时也会生成副产品。副产品与主要产品是相对的，主要根据生产任务来决定。有效地回收副产品，不仅能够降低生产成本，而且可以减少环境污染。

（5）联产品

有的化工生产过程中，一套装置能同时生产两种以上的主要产品，这些产品互称联产品。例如，在合成氨的生产流程中同时生产甲醇，甲醇和氨互称联产品。

（6）商品

为交换而生产，并经检验和包装的产品称为商品。商品具有使用价值和经济价值的双重性质。化工产品作为商品出售，除了要满足必要的质量要求，并具有按照国家标准划分的等级和规格，还要以一定的形式进行包装。

（7）废品

不符合出厂规格的产品称为废品。生产过程中出现废品将使产品失去原有的价值，同时也失去经济效益。因此，在化工生产过程中一定要严格按照操作规程的要求，控制好工艺指标，严把质量关，避免废品的出现。对于出现的废品，要想办法回收处理，避免造成环境的污染。

二、常用技术经济指标

各行业、企业结合自己的实际情况与生产技术特点，制定一套技术经济指标，它是反映本行业、企业生产技术水平的标志。在化工生产过程中，为了进一步说明生产系统中原料的消耗及反应情况，判断操作者的操作水平，通常要用到转化率、产率、收率、空间速率、接触时间和消耗定额等技术经济指标。

1. 转化率、产率和收率

在化工生产中，总是要把投入反应器的原料尽量转化成产品，力求高产低耗。为了表明生产过程中化学反应进行的状况，说明在某一反应系统中原料的消耗量和获得产品量之间的关系，特引入转化率、产率和收率的概念。理解这些概念，并在生产中加以运用，对确定适宜的工艺路线和操作条件、调整生产过程及提高经济效益是非常重要的。

（1）转化率

参加反应的原料量与投入反应器的原料量的百分比叫转化率。它表示原料被转化的程度，转化率的大小说明被转化的原料量的多少，转化率越大，被转化的原料量越多，反之则越少。一般来说，投入反应器的原料不可能完全参加反应，因此，转化率通常小于100%。

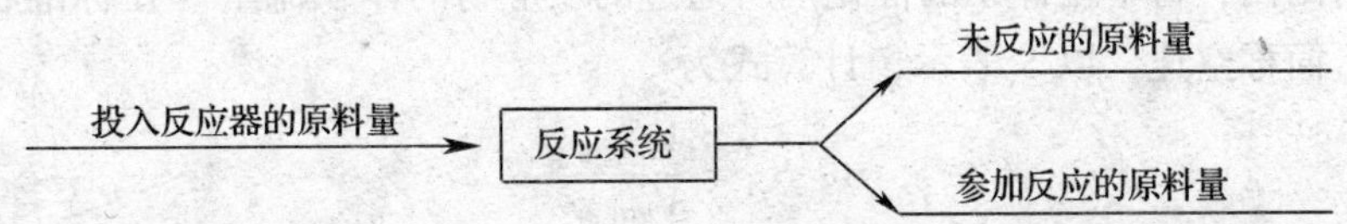

参加反应的原料量 = 投入反应器的原料量 − 未反应的原料量

转化率可按下式计算：

$$转化率 = \frac{参加反应的原料量}{投入反应器的原料量} \times 100\%$$

以一次投入反应器的原料量计算的转化率，称为单程转化率。原料量的单位为 kg 或 kmol。

（2）产率

各种物质在反应过程中的情况非常复杂。在相同的生产条件下，会同时发生不同的反应，即主反应和副反应，除得到目的产物外，还有副产物。为了表明反应的实际效果，衡量参加主副反应的原料量之间的相互关系，通常用产率这个概念来表示。

$$产率 = \frac{生成目的产物所消耗的原料量}{参加反应的原料量} \times 100\%$$

原料量的单位为 kg 或 kmol。

（3）收率

转化率和产率从不同的角度来表示某一反应的进行情况。转化率仅表示投入反应器的原料量在反应过程中的转化程度，它不表明这些生成物是目的产物还是副产物。转化率很高，但得到的目的产物不一定很多，因为所消耗的原料可能大都转化成了副产物。产率只说明由参加反应的原料生成目的产物的程度，但没有说明有多少原料参加了反应。有时反应的产率很高，但目的产物的生成量仍然很少，原因是原料的转化率可能很低。这种情况表明投入反应器的原料中只有很少的量参加了反应，但参加反应的原料几乎都转化成了目的产物，仅有少量的原料生成了副产物。在实际生产过程中，要求在获得高转化率的同时，也要获得较高的产率。为了描述这两方面的关系，采用收率这个概念。

$$\begin{aligned}某产物的收率 &= 原料的转化率 \times 目的产物的产率 \times 100\% \\ &= \frac{生成目的产物所消耗的原料量}{投入反应器的原料量} \times 100\%\end{aligned}$$

原料量的单位为 kg 或 kmol。

在生产过程中，反应原料若是混合物（气态或液态），由于反应过程复杂，各种组分难以确定，在计算这类反应时，可以直接采用以原料质量计的收率来表示反应效果。

$$以原料质量计的收率 = \frac{生成目的产物的实际质量}{投入反应器的原料质量} \times 100\%$$

在生产过程中，获得一种产品通常要经过多个阶段的操作，如反应、分离、精制等。为了说明生产中不同阶段的生产操作情况，引入阶段收率的概念。阶段收率就是生产中各个阶段操作过程的收率。各个阶段收率的乘积就是该产品的总收率，简称收率。

2. 空间速率、接触时间和消耗定额

（1）空间速率

在单位时间内，每单位体积的催化剂所通过的反应物的体积流量（在标准状态下），称为空间速率，简称空速。以 S_v 表示，计算式为

$$S_v = \frac{V_{反应物}}{V_{催化剂}}$$

式中 $V_{反应物}$——反应物在标准状态下的体积流量，m^3/h；

$V_{催化剂}$——催化剂的体积，m^3。

空间速率是衡量反应物与催化剂接触效果的一项重要指标，它的大小表明反应物与催化剂接触时间的长短。若空速大，反应物与催化剂接触时间短，原料在反应区的反应不完全，转化率低；若空速小，反应物与催化剂接触时间长，原料在反应区的反应完全，转化率高，但副产物增多，目的产物的收率下降。因此，空速不仅影响反应物的反应程度（主、副反应），而且也决定着生产能力，控制好空速就能得到较理想的转化率和产品收率。

（2）接触时间

反应物物料（蒸气或气体）在催化剂上的停留时间称为接触时间，又称为停留时间，

常以 τ 表示，单位为 s，计算式为

$$\tau = \frac{V_{催化剂}}{V_{反应物}} \times 3\ 600$$

式中 $V_{催化剂}$——催化剂的体积，m^3；

$V_{反应物}$——反应物在操作状态下的体积流量，m^3/h。

接触时间与空间速率有密切的关系，接触时间长，空间速率小；接触时间短，空间速率大。生产中常通过对这两个指标的调节来控制反应温度和压力等。

（3）消耗定额

消耗定额是指生产单位产品所消耗的各种原材料、辅助材料及公用工程的量等。消耗定额的大小说明生产工艺水平及操作技术水平的高低。消耗定额越小，生产过程越经济，产品的单位成本越低。

在消耗定额的各项内容中，公用工程（供水、供电、供热、供气和冷冻等）和各种辅助材料等的消耗均影响成本，但最重要的是原料的消耗定额。

原料的消耗定额就是生产单位产品所消耗的原料量，即每生产 1 t 纯度为 100% 的产品所需要的原料量。

$$原料的消耗定额 = \frac{原料量}{产品量}$$

即学即练

1. 判断下列说法是否正确，并说明理由。

（1）原料的转化率越高，则产品的产率越高。

（2）原料的转化率越高，则产品的收率越高。

（3）产品的产率越高，则产品的收率也越高。

（4）接触时间越长，空间速率越小。

2. 请思考，在生产中如何降低消耗定额？

3. 由乙烷裂解制取乙烯，投入反应器的乙烷量为 4 000 kg/h，裂解气中所含未反应的乙烷量为 500 kg/h，获得的乙烯量为 2 800 kg/h。试求乙烷的转化率、乙烯的产率和收率，以及乙烷的消耗定额。

三、催化剂

在化学反应系统中加入某种少量物质，它能改变反应的速率而本身在反应前后的量和化学性质均不发生变化，则该种物质称为催化剂（或触媒）。该物质的这种作用称为催化作用。如催化作用是加快反应速率的称为正催化作用，降低反应速率的称为负催化作用（或阻化作用）。

在基本有机化工生产中，催化反应占 80% ~90%，根据其反应类型，可分为催化裂化、催化异构化、催化加氢、催化脱氧、催化脱水、催化烷基化合、催化卤化等。这些催化反应是反应物多为气相，催化剂多为固相的气—固多相催化过程。

合理地选择和使用催化剂，对改进工艺流程、提高生产能力、降低设备要求、简化操作条件、综合利用资源、回收利用副产品、降低生产成本、改善环境等都起到了积极的推动与保证作用。因此，在化工生产中使用和选择合适的催化剂具有十分重要的意义。

1. 催化剂的性能标志

工业上使用的优良固体催化剂，一般应具有活性高、稳定性强、选择性好、寿命长、耐毒、耐热、机械强度高、有合理的流体流动性等特点，并且原料易得、制造方便、毒性小和造价低廉。其中，活性、选择性和使用寿命应是考虑的主要方面。

（1）活性

催化剂的活性是指催化剂改变反应速率的能力，它与催化剂的化学性质、物理结构等相关，活性的表示方法一般有以下几种。

1）比活性。比活性是用单位面积上的反应速率来表示活性的高低。多相催化反应是在催化剂表面上进行的，一般情况下，催化剂的表面积越大，催化剂活性越高，促使反应速率加快。

比活性在一定条件下只与催化剂的化学性质有关，而与其物理结构无关，用它来评价催化剂的活性是比较严格的方法。但反应速率方程式比较复杂，反应速率常数通常较难计算，故工业上一般不采用比活性来衡量催化剂的活性。

2）转化率。转化率是用单位质量或单位体积的催化剂对反应物的转化程度，即转化率用来表示催化剂活性的高低。在一定条件下，转化率高，则催化剂活性高，反之，则催化剂活性低。此种方法简单直观，但由于转化率表示的是原料参加主、副反应的反应程度，不能确切地说明催化剂对主反应速率改变的程度，仅能说明一般规律。在要求不很精确时，工业上可用转化率来衡量催化剂的活性。

3）空时收率。空时收率是指单位时间内在单位催化剂（单位质量或单位体积）上所得的产品量，即

$$\text{空时收率} = \frac{\text{产品量}}{\text{催化剂体积(或质量)} \times \text{时间}}$$

（2）选择性

催化剂的选择性反映的是催化剂促使化学反应向主反应方向进行得到目的产物的能力，因此常用产率表示催化剂的选择性。在化学反应中，同一催化剂对不同的化学反应往往有着不同的活性。对某一反应可能有活性，而对其他反应则可能不起催化作用，完全没有活性。此外，同样的反应物在不同的催化剂作用下，结果会得到不同的产物。例如乙醇在不同的催化剂作用下，所得到的产品是不同的。

选择性是催化剂的重要特性之一，催化剂的选择性好，可以达到减少化学反应过程的副反应、降低原料消耗定额，从而降低产品成本的目的。

（3）使用寿命

催化剂从开始使用直至经过再生也不能恢复其活性，达不到生产规定的转化率和产率指标这一段时间，称为催化剂的使用寿命。

每种催化剂都有自己的使用期限，寿命的长短与生产运转时间及生产操作条件等因素有关，根据催化剂活性随使用时间变化的情况，可作出催化剂的活性曲线（或寿命曲线）。催化剂的活性曲线可分为三个时期，如图 1—1 所示。

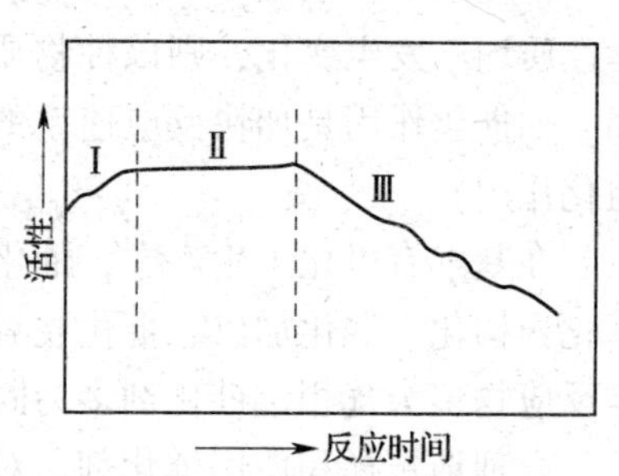

图 1—1　催化剂的活性曲线

Ⅰ—成熟期　Ⅱ—稳定期　Ⅲ—衰退期

1）成熟期。大多数催化剂开始使用时，从较低活性较快地升高到正常活性，继而达到使用水平，活性稳定，这一段时间是催化剂的成熟期。

2）稳定期。催化剂在一定时间内保持其活性基本稳定，这一段时间是催化剂的稳定期，可以从很短的几分钟到几年。稳定期的长短与所用催化剂种类和操作条件有关，稳定期越长越好。

3）衰退期。随着使用时间的增长，催化剂的活性会逐渐下降，以致最终失去活性，这一段时间称为衰退期。催化剂一旦失去活性，必须进行再生，使其活化，如再生无效则需要更换新催化剂。

2. 固体催化剂的组成

催化剂一般由主体和载体两部分组成。主体又称催化剂的活性组分，它是催化剂的主要部分，能对一定的化学反应起催化作用，如加氢用的镍催化剂，其活性组分为镍。主体又分为主催化剂、助催化剂和阻化剂，主催化剂起主要催化作用；助催化剂是一种附加物，本身没有催化性能，但它能提高主催化剂的活性、选择性和增长催化剂的使用寿命，例如脱水用的 Al_2O_3催化剂，可加 CaO、MgO 和 ZnO 作为助催化剂；阻化剂则与助催化剂的作用恰好相反，用来阻止副反应的进行，从而提高催化剂的选择性。

活性组分可以是一个组分，也可由若干组分组成。由多个组分组成的催化剂叫混合催化剂，其活性超过每一组分单独作用时的活性。因各组分有一定的活性，各组分之间又能互相发生活化作用。

载体通常是多孔性结构的物质，它是催化剂的支架，能附载催化剂的活性组分和其他附加物。载体常常是催化剂组成中含量最多的一种组分。常用的载体有硅胶、活性炭、沸石、硅藻土和金刚砂等。载体的作用是使催化剂活性组分附载于载体上形成薄膜层，从而增大活性组分的分散度，增大比表面积，提高催化剂的活性和选择性；降低催化剂的成本，特别是贵金属催化剂，对降低成本有显著的作用；能提高催化剂的机械强度；合适的载体能抑制催化剂的熔结和重结晶，增加抗热性；能减小催化剂对毒物的敏感性，延长催化剂的使用寿命。

即学即练

1. 加氢用的镍—硅藻土催化剂中的活性组分是________，硅藻土是________。

2. 在乙烯气相法合成醋酸乙烯的生产过程中，在钯—金催化剂中添加醋酸钠可提高催化剂的活性，则加入的醋酸钠是________。

知识拓展

固体催化剂制备

催化剂的制备在化工生产中占有重要的地位。催化剂的性能不仅与它的化学组成有关，而且与制备方法、制备条件、处理过程和活化条件等有关。即使催化剂的化学组成相同，但由于催化剂制备方法和处理条件不同，制得的催化剂性能也不尽相同。

催化剂的制备方法很多，常用的有沉淀法、煅烧法、还原法、溶解法、熔融法和浸渍法。

1. 沉淀法

沉淀法常用于制备单组分或多组分的催化剂。方法是在一定浓度的金属盐类溶液中，在搅拌下不断加入沉淀剂，生成的沉淀经过洗涤、过滤、干燥，再煅烧和活化。操作中要严格控制沉淀时的温度、干燥与煅烧的时间和温度，因为它们会影响催化剂的表面积及孔隙结构。同时应尽量洗涤沉淀，除去所吸附和包藏的杂质，以免影响催化剂的活性。

此法通常采用的原料有硝酸盐、碳酸盐及热分解温度较低的一些有机酸盐，如铵盐和钾盐等。这些盐的特点是在水中溶解度大，沉淀所吸附的离子容易用水洗去，水洗后的残留物也能在较低的温度下通过热处理而除去。

2. 煅烧法

煅烧法主要用于制取氧化物催化剂。方法是把原料置于空气或氧中进行煅烧，煅烧过程中关键是要控制温度。温度不同，得到的催化剂不同。例如，在573 K温度下煅烧氢氧化铝，反应得到活性很高的非结晶氧化铝，它是醇脱水的催化剂。若煅烧温度过高，氢氧化铝的活性就显著降低。一般来说，煅烧温度较低，催化剂的活性大，但温度太低，活性虽有提高，稳定性则会变差。

此法所采用的原料多是硝酸盐、碱式碳酸盐和有机酸盐，以及由沉淀法制得的氢氧化物等。

3. 还原法

还原法用于活性金属催化剂的制备，将煅烧得到的氧化物进行还原，然后加工成形。例如硝酸镍经煅烧，再用氢还原金属即得活性镍。

$$Ni(NO_3)_2 \cdot 6H_2O \xrightarrow[\triangle]{-H_2O} Ni(NO_3)_2 \xrightarrow[\triangle]{} NiO \xrightarrow[\triangle]{H_2} Ni$$

还原NiO的温度在553～573 K为宜。若超过573 K，会因局部过热而引起催化剂重结晶和表面熔融，使催化剂活性降低。因此，升温加热或还原后的冷却都必须均匀缓慢，防止温度急剧上升。

4. 溶解法

溶解法是制取骨架催化剂的方法。用试剂从两组分的合金中溶出其中不需要的组分，所需金属呈高度分散的状态。此法制得的催化剂活性高。例如用苛性钠溶液处理1:1（质量分数）的Ni－Si合金粉末，其中的Si以Na_2SiO_3的形式被溶出，得到有活性的镍催化剂。

影响骨架催化剂活性的因素主要是合金组分的比例。一般认为，镍在30%～50%之间才有效，在50%以上活性就急剧下降。此外，还有催化剂的比表面积、孔隙结构及合金的物理性质，如结晶结构、硬度、脆性等。

5. 熔融法

熔融法是制备混合催化剂的主要方法。此法有两种，一种是氧化物经煅烧而熔融混合，如合成甲醇用的CuO－ZnO催化剂；另一种是将金属氧化物混合并使其呈熔融态，再以氢还原，如乙苯脱氢制苯乙烯用的$Fe-Al_2O_3-K_2O$催化剂。

6. 浸渍法

浸渍法是将一种或几种活性组分附载于载体上，制成载体催化剂。例如先按比例将活性组分银和钯的化合物配成溶液，然后将载体氧化铝置于溶液中浸渍数小时，最后进行灼烧、冷却，使得所需的催化剂。该法操作简单，设备简单，贵金属银、钯用量较省。

3. 催化剂的活化、使用、衰退及再生

（1）催化剂的活化

制备好的催化剂在用于生产之前一般应经过活化处理。活化是将催化剂不断升温，在一定的温度范围内，使催化剂具有更大的接触表面和活性表面结构，将其活性和选择性提高到能正常使用的操作过程。所以，催化剂的活化是一个重要过程，它直接关系到催化剂的性能。有少数的催化剂配制好后就有较高的活性，可不经过活化处理。

催化剂活化可在活化炉中进行，也可在反应器内进行。常用的活化方法是向炉内通入空气或氧气，在不低于催化剂使用温度的条件下进行煅烧。加氢及脱氢催化剂一般在氢气存在的情况下进行活化，或在使用前用氢气进行处理。有些催化剂需要在特定条件下进行活化。催化剂活化后就可正常使用。

在催化剂的活化过程中，必须严格控制升温速率、活化温度、活化时间和降温速率，它们直接影响催化剂的催化性能。

（2）催化剂的使用

催化剂寿命的长短、效果的好坏，不仅取决于催化剂本身的性能、制备方法等因素，而且在很大程度上与操作及使用过程有关。若操作或使用不当，就会影响催化剂正常的活性，以致生产不能正常运转，严重时引起催化剂失效。

1）催化剂的装填。生产中催化剂的装填非常关键，装填得好坏，不仅会影响操作阻力，而且会影响气流的分布，如果床层装填特别紧密，阻力就会增大，气流速率就慢，易造成局部过热，以致部分催化剂烧结而损坏；若装填不当，就可能发生沟流，气流分布不均，导致催化效果降低，即转化率和生产能力降低。

一般情况下，催化剂装填时应注意以下几点：

①清洗反应器内部，检查催化剂承载装置是否符合要求（如铺一层铁丝网或耐火球）。

②筛去催化剂粉尘和碎粒，保证粒度分布在生产工艺规程规定的范围之内。

③确定催化剂装填量和高度，均匀装填。对于固定床反应器，要将催化剂分散铺开，防止催化剂分级散开。

④检测床层压力降。对于列管式反应器要校验每组列管的阻力是否一致。

⑤装填好后，应立即密封反应器进出口，以免其他气体进入和避免催化剂受潮。对于一些还原性催化剂及易吸潮的催化剂，不宜过早地配制和装填。

2）催化剂使用时的注意事项

①在反应器内，防止已还原或已活化的催化剂与空气接触，避免催化剂被氧化而导致活性衰退。

②原料必须经过净化处理，减少毒物和杂质对催化剂的影响，使用过程中避免毒物与催化剂接触。

③严格控制操作温度，把温度控制在催化剂所允许的温度范围之内，防止催化剂床层局部过热而烧坏催化剂。催化剂使用初期活性较高，操作温度应控制在下限。随着使用时间增长，催化剂活性逐渐衰退，可以通过提高操作温度来维持催化剂的活性。

④维持操作条件（温度、压力、流量、原料比等）的稳定，尽量保证波动较小，以防催化床层局部过热而烧坏催化剂。

⑤开车时要缓慢地升温和升压，防止温度和压力的突然变化造成催化剂粉碎。要尽量减少开、停车次数。

(3) 催化剂的衰退

催化剂在使用过程中活性会逐渐降低，以致无活性，其原因有以下几种。

1) 中毒及炭沉积。在催化反应中，反应物中的某些物质会导致催化剂活性显著降低的现象，称为催化剂中毒。这些物质称为催化剂毒物。常见催化剂毒物见表1—1。

表1—1　常见催化剂毒物

催化剂	反应	催化剂毒物
Ni、Pt	脱水	S、Se、Te、As、Sb、Bi、Zn化合物、卤化物
Pd、Cu	加氢	Hg、Pb、NH_3、O_2、CO（小于453 K）
Ru、Rh	氧化	C_2H_2、H_2S、PH_3、银化合物、砷化合物、氧化铁
CO	加氢裂化	NH_3、S、Se、Te、磷化合物
Ag	氧化	CH_4、C_2H_6
V_2O_5、V_2O_3	氧化	砷化合物
Te	合成氨	硫化物、PH_3、O_2、H_2O、CO、C_2H_2
	加氢	Bi、Se、Te、磷化合物、水
	费托法合成汽油	硫化物
	氧化	Bi
硅胶、铝胶	裂化	有机碱、碳、烃类、水、重金属

催化剂的中毒现象可分为两类：一类为暂时性中毒，即催化剂因中毒活性降低后，只要除掉气流中的毒物，催化剂活性便可重新恢复，如合成氨反应使用的铁催化剂，一切含氧化合物（CO、H_2O）都是暂时性毒物；另一类为永久性中毒，即中毒后活性不能恢复，如H_2S、PH_3、AsH_3等气体，对Pt、Fe等催化剂都是永久性毒物。

此外，一些反应物在进行主反应的同时伴随有副反应发生，生成的副产物（如聚合物、沉积炭或焦油状物质）覆盖了催化剂表面或堵塞了催化剂孔隙，也会导致催化剂活性降低。

2) 化学结构的改变。催化剂在反应条件的影响下逐渐改变化学结构，如催化剂出现松弛、分散、再结晶、结块等，会导致催化剂的有效面积减小，活性降低。当催化剂过热时，会促使这种现象发生。

3) 催化剂组成的改变及损失。由于氧化还原反应的发生及催化剂某些组分挥发或被反应物带走等原因，会导致催化剂化学成分发生变化，引起催化剂活性下降。

(4) 催化剂的再生

催化剂再生是指使催化剂恢复活性而进行的处理过程。

催化剂失去活性（简称失活）可分为暂时性失活和永久性失活。由于结构改变或某些化学变化引起的失活是永久性的，这时催化剂不能再生，需要换新的催化剂。由于催化剂表面被沉积炭覆盖或某些可以复原的化学反应（如氧化）而引起的失活是暂时性的，可通过再生恢复催化剂的活性。

催化剂再生的方法较多，不同的催化剂有其特定的再生方法。再生方法取决于催化剂的性质、催化剂失活的原因、毒物的性质以及其他有关条件。例如脱氢催化剂镍，可用氧化还原法进行再生，先在一定温度下使其氧化，然后再用氢气还原。又如为了除去催化剂表面沉积炭的再生，一般都用空气燃烧催化剂表面的焦炭，使焦炭生成二氧化碳而除去。除了用化学方法进行再生外，也可以用物理方法进行再生，如用有机溶剂提取覆盖在催化剂表面上的有机物。

四、开车与停车

在化工生产中，开车、停车的生产操作是衡量操作工人技术水平的一个重要标准。随着化工先进生产技术的迅速发展，机械化、自动化水平的不断提高，对开车、停车的技术要求也就越来越高。开车、停车进行得好坏，准备工作和处理情况如何，对生产的进行都有直接影响，开车、停车是生产中最重要的环节。

化工生产中的开车、停车包括基建完工后的第一次开车，正常生产中的开车、停车，特殊情况（事故）下的突然停车，大、中修之后的开车等。对于新建成投产的车间，基建完工后的第一次开车是很关键的。

1. 基建完工后的第一次开车

基建完工后的第一次开车一般分四个阶段进行：开车前的准备工作、单机试车、联动试车、化工试车。

（1）开车前的准备工作

1）施工工程安装完毕后的验收工作。

2）开车所需原料、辅助原料、公用工程（水、电、汽等），以及生产所需物资的准备工作。

3）技术文件、设备图样及使用说明书和各专业的施工图、岗位操作法和试车文件的准备。

4）车间组织健全，人员配备完整及考核制度完善。

5）核对配管、机械设备、仪表电器、安全设施及盲板和过滤网的最终检查工作。

（2）单机试车

此项工作的目的是确认转动和待动设备是否合格好用，是否符合有关技术规范，如空气压缩机、制冷用氨压缩机、离心式水泵和带搅拌设备等。

单机试车是在不带物料和无载荷的情况下进行的。首先断开联轴节，单独开动电动机，运转48 h，观察电动机是否发热、振动，有无杂音，转动方向是否正确等。当电动机试验合格后，再和设备连接在一起进行试验，一般也运转48 h（此项试验应以设备使用说明书或设计要求为依据）。在运转过程中，经过细心观察和仪表检测，均达到设计要求时（如温度、压力、转速等）即为合格。如在试车中发现问题，应会同施工单位有关人员及时检修，修好后重新试车，直到合格为止，试车时间不准累计。

（3）联动试车

联动试车是用水、空气或者与生产物料相似的其他介质，代替生产物料所进行的一种模拟生产状态的试车，目的是检验生产装置连续通过物料的性能（当不能用水试车时，可改用其他介质，如用煤油代替）。联动试车时也可以对水进行加热或降温，观察仪表是否能准确地指示出通过的流量、温度和压力等数据，以及设备的运转是否正常等。

联动试车能暴露设计和安装中的一些问题，在这些问题解决以后再进行联动试车，直至流程畅通。

联动试车后要把水或煤油放空，并清洗干净。

（4）化工试车

当以上各项工作都完成后，则进入化工试车阶段。化工试车是按照已制定的试车方案，在统一指挥下按化工生产工序的前后顺序进行的。化工试车因生产类型的不同而形式各异。

知识拓展

年产30万t乙烯装置裂解炉的化工试车程序

一、开车前应具备的条件

1. 施工工程安装完毕后的验收工作。

2. 开车所需原料、辅助原料、公用工程（水、电、汽等），以及生产所需物资的准备工作。

3. 技术文件、设备图样及使用说明书和各专业的施工图、岗位操作法和试车文件的准备。

4. 车间组织健全，人员配备完整及考核制度完善。

5. 核对配管、机械设备、仪表电器、安全设施及盲板和过滤网的最终检查工作。

二、开车前的准备

1. 准备

（1）对配管、机械设备、仪表电器、安全措施、盲板、过滤网以及临时短管的装拆等进行最终检查。

（2）确认系统内的干燥及氮封状态。

（3）确认干燥剂和催化剂已填装完毕，化学助剂注入停当，且干燥剂均已再生，处于备用状态。

（4）确认公用工程系统（水、电、汽、氮气、压缩空气、仪表电器、火炬等）均可投入使用。

2. 与外厂及车间联系

（1）与动力车间联系，准备向装置供给蒸汽、氮气、压缩空气、冷却水、锅炉用水。

（2）与原料化工厂（或外供）联系，准备向本装置供给开工用的粗丙烯。

（3）与储罐区联系，准备向本装置供C4汽化气、原料油、开工用石脑油、烧碱及调质油。

3. 开工前装置的状态

（1）开车前裂解工段急冷区已经运转，并应处于50 kPa正压氮封状态。

（2）开车前精制工段已经干燥，处于50 kPa正压氮封状态。

（3）干燥剂处于再生后的备用状态（氮封），催化剂处于氮封并活化状态。

（4）高压蒸汽及锅炉给水系统已经化学清洗（到过热炉出口为止），并用氮气保护。

（5）裂解气压缩机在空气试车后，应在开车前换上油膜密封。机械密封的泵经过单机试车后，应在开车前换上机械密封。

（6）仪表电器、化验室设备应已调试待用。

三、开车步骤

1. 投油前的开车步骤

(1) 接收燃料油、点燃火炬，接燃料油、锅炉给水及中压蒸汽，然后开始裂解炉及蒸汽过热炉点火烘炉，同时进行废热锅炉的汽包安全阀调试。

(2) 接收锅炉给水至急冷水沉降槽，并开始急冷水系统的循环和加热（加热至353 K)。

(3) 由脱丙烷塔回流罐接丙烯，开始丙烯精制。

(4) 获得精丙烯后，开始向丙烯制冷压缩机系统充丙烯。

(5) 启动丙烯压缩机，使丙烯精馏塔处于全回流状态。

(6) 油洗塔接收调质油，并开始调质油的循环和加热（不超过403 K)。

(7) 急冷水沉降罐接收开工用石脑油（急冷用)。

(8) 裂解炉升温的同时，废热锅炉接收锅炉给水，炉出口温度达637 K后，汽包开始升压。

(9) 废热锅炉出口蒸汽达523 K时，将裂解炉与急冷系统油洗塔接通，然后将急冷器投入使用，此时，油洗塔釜温控制在353 K。

(10) 轻柴油进料系统接收轻柴油，并启动轻柴油加料泵进行轻柴油循环。

(11) 裂解炉出口蒸汽升温至349 K，系统处于待油状态。

(12) 裂解气压缩机胶管复水系统和油系统开车，碱洗塔接水，待碱循环正常。

2. 投油及投油后的开车步骤

(1) 投油前，将废热锅炉蒸汽压力升至操作压力，由自动调节阀控制。

(2) 裂解炉投油。

(3) 急冷系统接收裂解气，同时调节急冷系统条件，裂解气向水洗塔放空（去火炬)。

(4) 急冷水沉降罐油相液位升高后，重质燃料油、轻质燃料油气提塔开车。

(5) 启动裂解气压缩机之前，将裂解气送至裂解气压缩机吸入罐，由此放入火炬，同时进行暖机。

(6) 当裂解炉废热锅炉产生的高压蒸汽量大于60 t/h后，蒸汽过热炉开车，向高压蒸汽调送过热蒸汽。

至此，裂解工段开车全部完成。下步只要开动裂解气压缩机向分离工段供给原料即可。

一个化工生产装置的开车是一个非常复杂也很重要的生产环节。开车的步骤并非都是一样的，要根据具体地区、本部门的技术力量和经验，制定切实可行的开车方案。正常生产检修后的开车和化工试车相似。

2. 停车及停车后的处理

在化工生产中停车的方法与停车前的状态有关，若状态不同，停车的方法及停车后的处理方法也就不同，一般有以下三种方式。

(1) 正常停车

生产进行一段时间后，设备需要检查或检修而有计划地停车，称为正常停车。这种停车是逐步减少物料的加入，直至完全停止加入，待所有物料反应完毕后开始处理设备内剩余的物料，处理完毕后，停止供汽、供水，降温降压，最后停止转动设备的运转，使生产完全停止。

停车后，对某些需要进行检修的设备，要用盲板切断该设备上的物料管线，以免可燃气体、液体物料漏过而造成事故。检修设备时，若需动火焊接维修或进入设备内检查，要把其中的物料彻底清洗干净，并经过安全分析，确认合格后方可进行。

（2）局部紧急停车

在生产过程中，在一些意外的特殊情况下的停车，称为局部紧急停车。如某设备损坏，某部分电气设备的电源发生故障，某一个或多个仪表失灵等，都会造成生产装置的局部紧急停车。

当这种情况发生时，应立即通知前一工序采取紧急处理措施。把物料暂时储存或向事故排放部分（如火炬、放空等）排放，并停止入料，转入停车待生产的状态（绝对不允许再向局部停车部分输送物料，以免造成重大事故）。同时，立即通知下一工序停止生产或处于待开车状态。此时，应积极抢修，排除故障。待停车故障消除后，应按化工开车的程序恢复生产。

（3）全面紧急停车

当生产过程中突然发生停电、停水、停汽或发生重大事故时，则要全面紧急停车。这种停车事前是不知道的，操作人员要尽力保护好设备，防止事故的发生和事故的扩大。对有危险的设备，如高压设备应进行手动操作，以排除物料，对有凝固危险的物料要进行人工搅拌（如聚合釜的搅拌器可以人工推动），并使本岗位的阀门处于正常停车的状态。

对于自动化程度较高的生产装置，在车间内应备有紧急停车按钮，并和关键阀门联锁。当发生紧急停车时，操作人员一定要以最快的速度去按紧急停车按钮。

为了防止全面紧急停车的发生，一般化工厂均有备用电源。当第一电源断电时，第二电源应立即供电。

从上述可知，化工生产中的开车、停车是一个很复杂的操作过程，且随生产品种不同而有所差异，这部分内容必须载入生产车间的岗位操作法中。掌握这方面的知识，除了学习理论知识外，更重要的是在生产实践中进行锻炼。

第三节　基本有机化工原料的化学加工及其产品

学习目标

通过学习本节，学习者应能达到下列目标：

1. 解释煤的焦化、汽化和液化的含义。
2. 熟记天然气的组成和分类，能够举例说明以天然气为原料生产的产品。
3. 熟记石油的组成和分类，能够解释石油的常减压蒸馏、催化裂化和催化重整的含义。
4. 熟记生物质的种类和常见加工方法。

一、煤及其化工利用

煤是由碳、氢以及氧、氮和硫等的化合物所组成的复杂的固体混合物。对煤进行化学加工，不仅可以得到热能和动力燃料，供给生产和生活的需要，而且可以获得大量的基本有机化工生产原料。

煤的种类很多，有泥煤、褐煤、烟煤、无烟煤等。它们主要由无机物和有机物两部分组成，不同种类煤的主要元素组成见表 1—2。

表 1—2　　煤的主要元素组成（质量分数）

煤的种类	元素组成			煤的种类	元素组成		
	C（%）	H（%）	O（%）		C（%）	H（%）	O（%）
泥煤	60 ~ 70	5 ~ 6	23 ~ 35	烟煤	80 ~ 90	4 ~ 5	5 ~ 15
褐煤	70 ~ 80	5 ~ 6	15 ~ 25	无烟煤	90 ~ 98	1 ~ 3	1 ~ 3

在煤的加工过程中，根据生产工艺与产品的不同，主要分为煤焦化、煤汽化和煤液化三条产品链。煤炭能源化工产业链如图 1—2 所示。

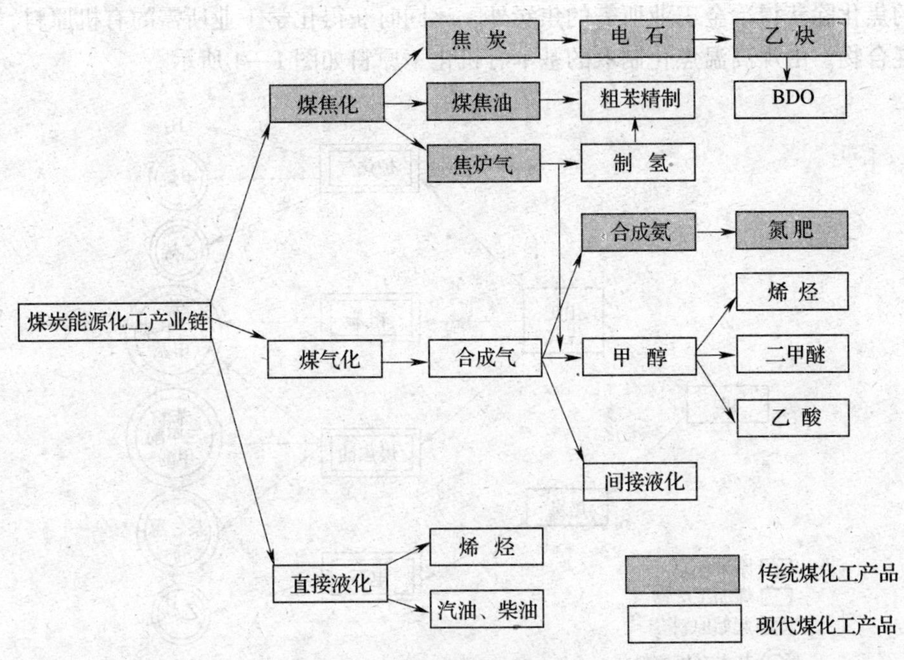

图 1—2　煤炭能源化工产业链

BDO—1，4 丁二醇

煤焦化产物及下游产品如电石、乙炔，煤汽化产物中的合成氨等都属于传统煤化工产品，而煤汽化制醇、醚，甲醇制烯烃，煤液化制烯烃、汽油、柴油等则是现代煤化工产品。

1. 煤焦化

煤焦化是将煤装入密闭的炼焦炉内，隔绝空气加热，进行高温干馏，使煤中有机物分解发生复杂化学变化的加工过程。

炼焦炉是用耐火砖砌成的，如图 1—3 所示。它设有焦化室和燃烧室，中间有炉墙把它们隔开。焦化室的下面为蓄热室。

煤焦化可根据加热温度不同，分为高温焦化（1 273 ~ 1 473 K）、中温焦化（973 ~ 1 073 K）和低温干馏或半焦化（773 ~ 873 K）。焦化温度不同，所得焦化物的组成也不同。

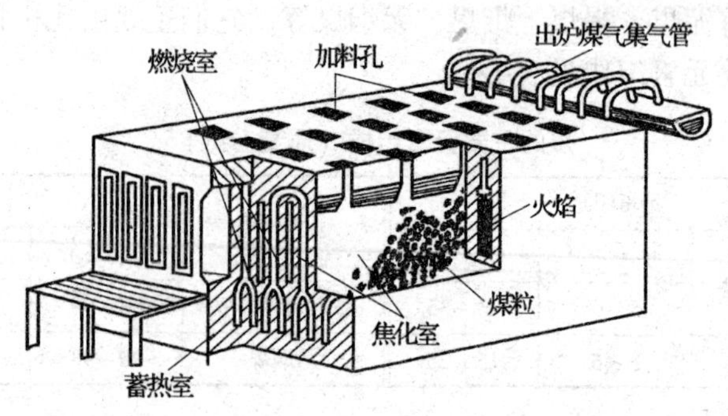

图 1—3　炼焦炉示意图

煤的焦化除获得冶金工业所需的焦炭外，还同时获得化学工业所需的有机原料，主要是芳烃的混合物。由煤高温焦化制取的基本有机化工原料如图 1—4 所示。

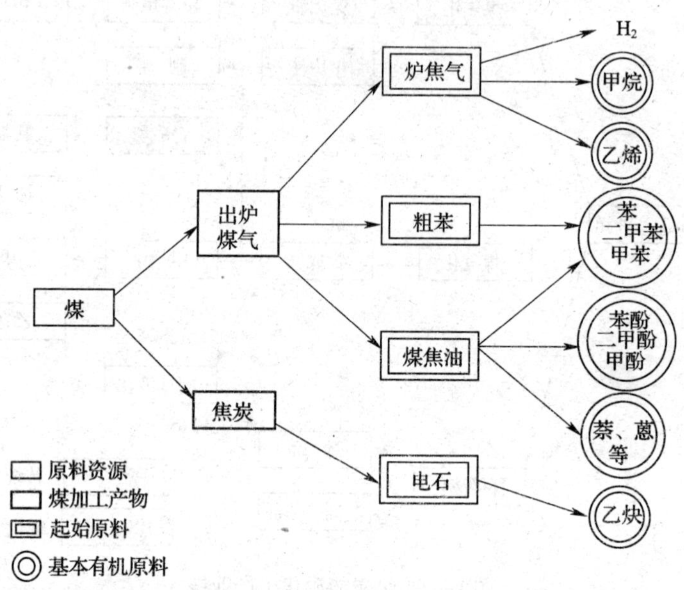

图 1—4　由煤高温焦化制取的基本有机化工原料

2. 煤汽化

煤汽化是煤炭转化的主要途径之一，煤汽化过程是煤炭的一个热化学加工过程，它是以煤或煤焦为原料，以氧气（空气、富氧或工业纯氧）、水蒸气或氢气等作汽化剂，在高温条件下通过化学反应将煤或煤焦中的可燃部分转化为可燃性气体的工艺过程。汽化时所得的可燃气体称为煤气，进行汽化的设备称为煤气发生炉。

$$C + O_2 \longrightarrow CO_2 + 393.7 \text{ kJ/mol}$$

$$C + H_2O \longrightarrow H_2 + CO - 131.4 \text{ kJ/mol}$$

$$C + CO_2 \longrightarrow 2CO - 172.4 \text{ kJ/mol}$$

所有煤汽化技术都有一个共同的特征，即汽化炉内煤炭在高温条件下与汽化剂反应，使固体煤炭转化为煤气，剩下的残渣排出炉外。煤气中主要成分是 CO、H_2、CO_2、CH_4、N_2、H_2O，还有少量硫化物、烃类和其他微量成分。

煤气的成分取决于燃料、汽化剂的种类以及进行汽化过程的条件。煤的汽化是获得基本化工原料合成气（$CO+H_2$）的重要途径。煤气可作气体燃料使用，与固体燃料相比是一种有广泛用途的理想燃料，不仅运输使用方便，容易储存管理，而且出厂时已经过脱硫处理，减小了环境污染，热效率也比烧煤时高，因而广泛运用于钢铁工业、化学工业以及供商业和民用。

汽化所用的原料以煤为主，其次是煤焦（主要是化工焦、初级土焦等）。煤炭从褐煤到无烟煤，所有的煤种都可充当汽化原料，但是黏结性煤多作为炼焦工业的原料。

具有高效、超洁净特点的煤汽化技术是当今世界煤化工技术发展的主流，这一领域的专利技术主要有 SHELL（壳牌）加压汽化法、DEXCO（德士古）加压汽化法、GSP（鲁奇）水煤浆汽化法。

知识拓展

SHELL 加压汽化法提出以煤为原料制合成气为核心，生产甲醇、乙酸、合成氨等化工产品与洁净燃气—蒸汽联合循环发电、城市煤气和供热（蒸汽或热水）等相结合，组成能源化工多联产系统，从而取得良好的经济、社会和环境效益。如图 1—5 所示为 SHELL 合成气园产品模式。

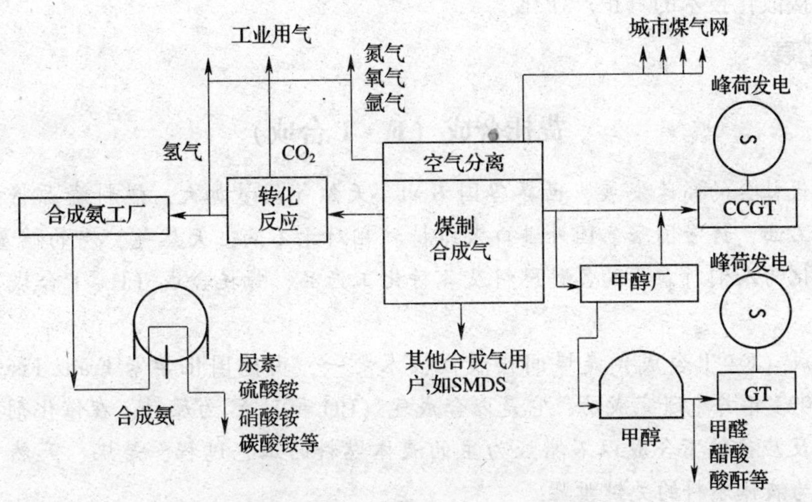

图 1—5　SHELL 合成气园产品模式

SMDS—合成气生产发动机燃料油　CCGT—燃气—蒸汽联合循环发电　GT—气体发电

进入 21 世纪，为了保证我国经济的可持续发展，减少燃煤对大气的污染，必须大力发展洁净煤技术，煤汽化是最重要、应用广泛的洁净煤技术，是发展现代煤化工最重要的单元技术。

3. 煤液化

煤液化多指煤的加气液化，就是在催化剂的作用下，煤与氢气在高温、高压下进行反应，生成液化产品——人造石油，产物分馏后，可得到汽油、中油、重油等。对这些产品进行进一步加工，可获得基本有机化工原料。煤的液化方法有直接液化和间接液化。

(1) 直接液化

直接液化是煤化工领域的高新技术。该技术将煤制成油煤浆，于 723 K 左右和 10 ~ 30 MPa压力下催化加氢，获得液化油，并进一步加工成汽油、柴油及其他化工产品。该技术开发始于20世纪20年代，20世纪30年代至40年代曾在德国实现工业化生产，20世纪70年代国际上又进行了新工艺、新技术开发，2000年后开发工作基本结束，但没有大规模工业化应用实例。“十五”期间，中国神华集团在国家“863”高科技计划支持下，联合国内优势科研院所，开展了“煤直接液化高效催化剂”及“煤直接液化关键技术”研究，取得了具有自主知识产权的“神华煤直接液化工艺”及“煤直接液化高效催化剂”重要技术成果。神华集团在内蒙古鄂尔多斯市马家塔建立了世界上第一套煤直接液化工业示范装置。神华煤直接液化技术及产业发展，对多元化保证我国石油供应，实现能源、经济、环境协调发展具有重要的现实意义，并为煤的清洁转化开辟了一条新的途径。

(2) 间接液化

间接液化是将煤汽化并制得合成气（CO、H_2），然后通过费托合成（F－T合成），得到发动机燃料油和其他化工产品的过程。2006年4月，利用中科院山西煤炭化学研究所自创技术（费托合成、煤基合成液体燃料浆态床技术），由煤化所牵头，联合产业界伙伴内蒙古伊泰集团有限公司、神华集团有限责任公司、山西潞安矿业（集团）有限责任公司、徐州矿务集团有限公司等和科研机构共同出资组建成立了中科合成油技术有限公司，实现了中国的煤炭间接液化技术的真正产业化。

知识拓展

费托合成（F－T合成）

随着现代社会的高速发展，世界各国石油、天然气用量加大，燃料资源将出现短缺现象，尤其是石油，许多国家靠国外进口来维持。相对于石油、天然气，煤的储量比较丰富，如何将煤转化为人们所需要的各种燃料及各种化工产品，费托合成（F－T合成）解决了这个问题。

费托合成（F－T合成）是煤间接液化技术之一，由德国化学家 Franz Fischer 和 Hans Tropsch 在1923年首先研究成功。它是以合成气（CO和H_2）为原料，在催化剂（主要是铁系）和适当反应条件下合成以石蜡烃为主的液体燃料的工艺过程，是煤、天然气等含碳资源间接转化为液体燃料的关键步骤。

4. 发展新型煤化工的意义

我国现代煤化工的战略价值主要在于资源条件已经决定以煤为基础的能源格局在长时期内难以有实质性改变；我国石油较低的储采比已经危及能源安全，发展替代能源是必然选择；发展新型煤化工是推动煤炭清洁利用的重要途径；由于技术提升，可以充分利用劣质煤资源、增强经济性，促进可持续发展。

我国能源资源储量总体偏低，特别是优质石油能源资源短缺。因此，为了降低对进口石油的严重依赖，必然要发展以“煤代油”为核心的现代煤化工产业。

随着高油价时代的来临，以大型煤汽化为龙头的现代煤化工产业已成为全球经济发展的热点产业，现代煤化工新型的能源化工一体化的产业模式可以降低对原油资源的高度依赖，并有效解决交通、火电等重要耗能行业的污染和排放等问题。

二、天然气及其化工利用

1. 天然气的组成和分类

天然气是埋藏在不同深度地层下的可燃性气体。它主要由甲烷、乙烷、丙烷和丁烷组成，并含有少量戊烷以上的重组分及二氧化碳、氮、硫化氢、氨等气体杂质。

天然气有干气和湿气之分。干气又称贫气，通常含甲烷80%以上，因较难液化，故称干性天然气。湿气也称为富气，因含有较多的乙烷、丙烷、丁烷等 $C_2 \sim C_6$ 烃类，经压缩、低温处理后较易液化，故称湿性天然气。

富含天然气的地域通常称为气田。由气田采出的天然气，其主要成分是甲烷，有的气田所采天然气甲烷含量可高达99%以上。湿性天然气的产地常常和石油产地在一起，它们随石油一起开采出来，故统称为油田气，又称油田伴生气。油田气的成分也是以甲烷为主，并含有乙烷、丙烷和丁烷以及少量轻汽油，此外还有硫化氢、二氧化碳和氢等杂质。我国天然气蕴藏量丰富，绝大多数为干气，其组成随产地而异。

2. 天然气的化工利用

天然气可作为燃料，也可作为化工原料，天然气的化学加工方向如图1—6所示。

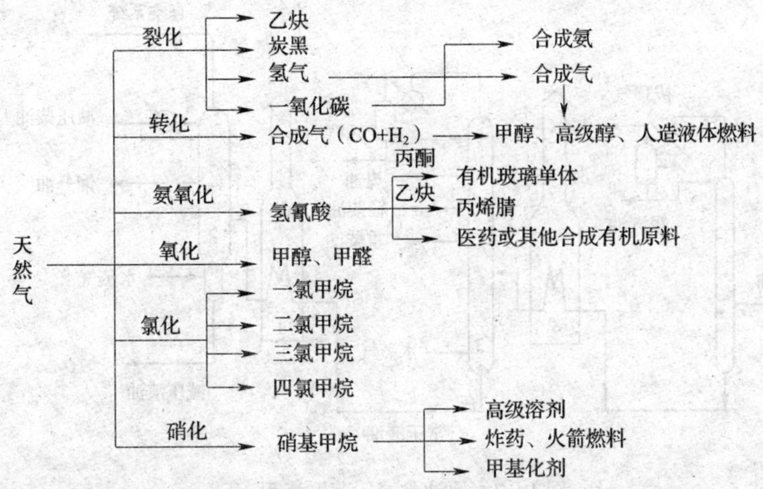

图1—6 天然气的化学加工方向

从图1—6可以看出，天然气通过这些加工途径，可获得一大批有用的化工原料，如甲醇、甲醛、乙炔、合成气（$CO + H_2$）、炭黑、氢氰酸、各种氯代甲烷、硝基甲烷等。这些产品经过进一步加工，可获得更多的有机化工产品。

三、石油及其化工利用

石油是一种有气味的黏稠状液体，相对密度为0.75～0.98，不溶于水，呈黄到黑褐色，颜色深浅与密度大小有关，也与所含组分有关。石油是主要由碳、氢两种元素组成的混合烃类，除含有少量氮、硫和氧的化合物之外，还含有微量的金属与非金属元素，金属元素有钠、钙、铁、铅、锌等，非金属元素有氯、磷、砷、硅等。其中碳元素的平均含量是83%～87%，氢含量是11%～14%，氧、硫、氮占总含量的1%～4%。

在天然石油中，烃类是它的主要成分，其中有烷烃、环烷烃和芳香烃，一般不含烯烃和炔烃。根据石油所含烃类主要成分的不同，可以把石油分为三大类：烷基石油（石蜡基石油）、环烃基石油（沥青基石油）和中间基石油。我国所产石油大多数属于烷基石油，如大庆原油就属于低硫、低胶质、高烷烃类石油，含有较多的高级直接烷烃。

1. 石油的炼制

从地下开采出来的未经加工处理的石油称为原油。原油一般不直接利用，需经过加工炼制，制成各种石油产品，如轻汽油、汽油、航空煤油、煤油、柴油、润滑油、石蜡、凡士林、沥青等。将原油加工成各种石油产品的过程称为石油加工或石油炼制，简称炼油。常用的石油炼制方法如下：

（1）石油的常减压蒸馏

常减压蒸馏又称直馏（直接蒸馏），是利用原油中所含各组分沸点的不同，以物理方法将其分离成各种不同沸点的馏分。在这些馏分中，有的可直接作石油产品出售，有的用作二次加工原料，还有的可供石油化工厂作为制取烯烃的裂解原料。

从地下开采出来的原油总是含有相当数量的水分、无机盐和杂质等，需脱水、脱盐，进行原油预处理后，才能进行常减压蒸馏。

典型的原油常减压蒸馏装置是以加热炉和精馏塔为主体的管式蒸馏装置。原油常减压蒸馏流程如图 1—7 所示。

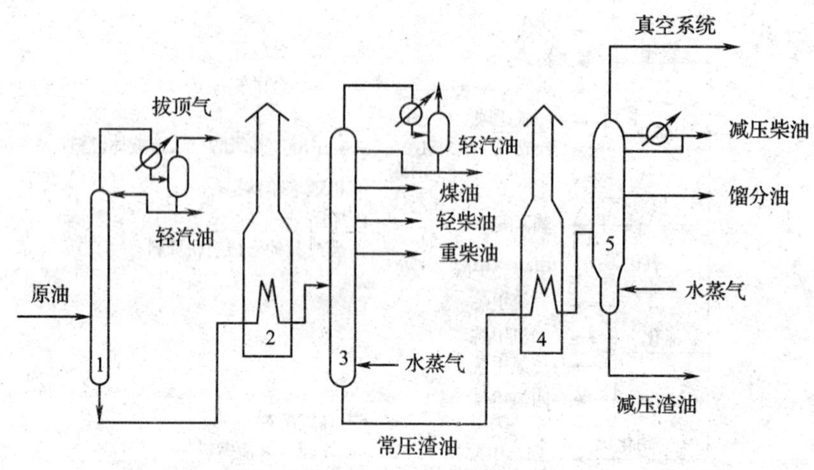

图 1—7　原油常减压蒸馏流程

1—初馏塔　2—常压加热炉　3—常压塔　4—减压加热炉　5—减压蒸馏塔

原油预热后，送入初馏塔，塔顶轻组分冷却后，分掉水和不凝气得到的拔顶气是主要含乙烷、丙烷、丁烷及少量 C_5 以上的混合烃组分；塔顶的轻汽油也就是通常所说的石脑油，可以用来生产汽油和芳烃或作为裂解制乙烯的原料。

初馏塔的塔底油送入常压塔蒸馏，在常压塔的不同高度，侧线采出轻汽油、煤油、柴油等馏分，常压塔底的重组分送入减压蒸馏塔进行减压蒸馏（避免高温下加热分解），由减压蒸馏塔侧线得到减压馏分油、减压柴油等，可作为裂解制乙烯的原料或催化裂化原料。塔底渣油经氧化处理后可制取石油沥青。

（2）石油的催化裂化

原油在炼制成油品的整个过程中，通过常减压蒸馏一次加工，获取各种馏分油（称直馏产品），但不能满足生产需求，必须对这些直馏产物进一步加工。对直馏产物的再次加工属于石油的二次加工过程，催化裂化是炼油工业中二次加工的重要过程之一。

裂化是化学加工过程，有热裂化和催化裂化两种工艺。热裂化是以加热的方法，在743～793 K和一定压力下进行的裂化。催化裂化就是指使用催化剂进行的裂化过程，由于催化剂的存在，裂化可以在较低的温度和压力下进行。

催化裂化的目的是将不能用作轻质燃料的常减压馏分油，加工成辛烷值较高的汽油等轻质燃料，是增产轻质油品的主要手段。

知识拓展

辛 烷 值

辛烷值是一项衡量汽油作为动力燃料时的抗爆燃性能的指标。规定正庚烷的辛烷值为零，异辛烷的辛烷值为100。在正庚烷和异辛烷的混合物中，异辛烷所占的百分比叫做该混合物的辛烷值。各种汽油的辛烷值，是把它们在汽油中燃烧时的爆燃程度与上述正庚烷和异辛烷的混合物进行比较而得，并非说汽油就是正庚烷和异辛烷的混合物。辛烷值越高，抗爆燃性能越好，汽油的质量越好。

催化裂化过程在常压下进行，主要设备结构简单，操作容易，适于加工非高含硫原油。由于所用原料、催化剂及反应条件的不同，所得到的催化裂化气组分的质量分数也就不同，一般乙烯含量为3%～4%、丙烯为13%～20%、丁烯为15%～30%、烷烃占50%左右。催化裂化气可作基本有机化工原料，直接用于生产各种基本有机化工产品。另外，所含的大量烷烃也是生产乙烯和丙烯的原料。

（3）石油的催化重整

催化重整是用333～413 K的直馏汽油为原料，在一定温度、压力和催化剂（如贵金属Pt、Re、Rh、Ir）作用下，使汽油组分中碳键结构重新调整，正构烷烃发生异构化，某些非芳烃转化为芳烃。催化重整是使石油馏分经过化学加工转化成芳烃的重要方法之一。该方法最初用于生产高辛烷值汽油，现已成为生产芳烃的一个重要方法。

催化重整过程所发生的化学反应主要有环烷烃脱氢芳构化、环烷烃异构化脱氢形成芳烃、烷烃脱氢芳构化。经重整后得到的重整油含芳烃30%～60%，还含有烷烃和少量环烷烃。从重整汽油中提取芳烃，精制后可得苯、甲苯和二甲苯和C_9芳烃。重整油中芳烃抽提分离后，余下的部分称为抽余油，可作商品油，也可作裂解制乙烯的原料。

2. 从石油获取基本有机化工原料的途径

从石油炼制的气体产物和液体产物出发，经过加工处理都可得到基本有机化工原料，一般作化工原料利用的通常选用价格低廉的炼厂气、轻质油（含小分子烃较多，沸点较低，如拔头油、抽余油、直馏汽油、煤油、柴油等）及重质油（含大分子烃较多，沸点较高，如重油、渣油，甚至原油）。

石油炼制过程中各种加工方法副产的气体，以及各种稳定塔气体总称为炼厂气，主要含比C_4轻的烯烃和烷烃、氢气和其他杂质气体，其组成因炼厂的产品和工艺的不同而不同。炼厂气是裂解制取低级烯烃的重要原料之一。如在常减压蒸馏中获得的原料拔顶气中，含2%～4%的乙烷、30%的C_3、50%的C_4、16%～18%的C_5及少量C_5以上的馏分，是裂解的优质原料。

常用作化工原料的液体石油产品主要有如下三类：

（1）直馏汽油

将原油直接蒸馏得到的汽油叫直馏汽油。这部分汽油用作汽车和飞机燃料时，性能不好，因而常用作生产基本有机化工产品的原料，特别是沸点在 40～150℃之间称为石脑油的汽油馏分。一些不产石油和天然气的国家主要依靠石脑油作原料来生产化工产品。

（2）重整油

重整油由直馏汽油经催化重整得到。重整油中芳烃的含量为 30%～60%，目前是提供芳烃的最主要来源。抽提芳烃后的抽余油可混入商品汽油，也可作为石油化工厂的裂解原料。

（3）重油、渣油和原油

炼油过程中的重油和渣油，一般用作锅炉燃料，也可以用于生产化工产品。近年来，化工产品的生产为了避免过分依赖炼油工业，甚至直接采用原油为原料。

综上所述，石油是生产基本有机化工原料的主要资源。从石油中获得基本有机化工原料的大体步骤首先是开采石油，与此同时可以得到油田气和天然气；然后将原油进行各种加工炼制，除得到汽油、柴油、润滑油等石油产品和炼厂气外，还得到液体石油馏分。

天然气和油田气、炼厂气、液体石油馏分是石油化学工业的三大起始原料。对它们进行分离、脱氢或裂解等操作，可以得到各种烷烃、烯烃、二烯烃、乙炔和芳香烃等重要的基本有机化工原料。

从石油开采经过加工到获取基本有机化工原料的主要途径如图 1—8 所示。

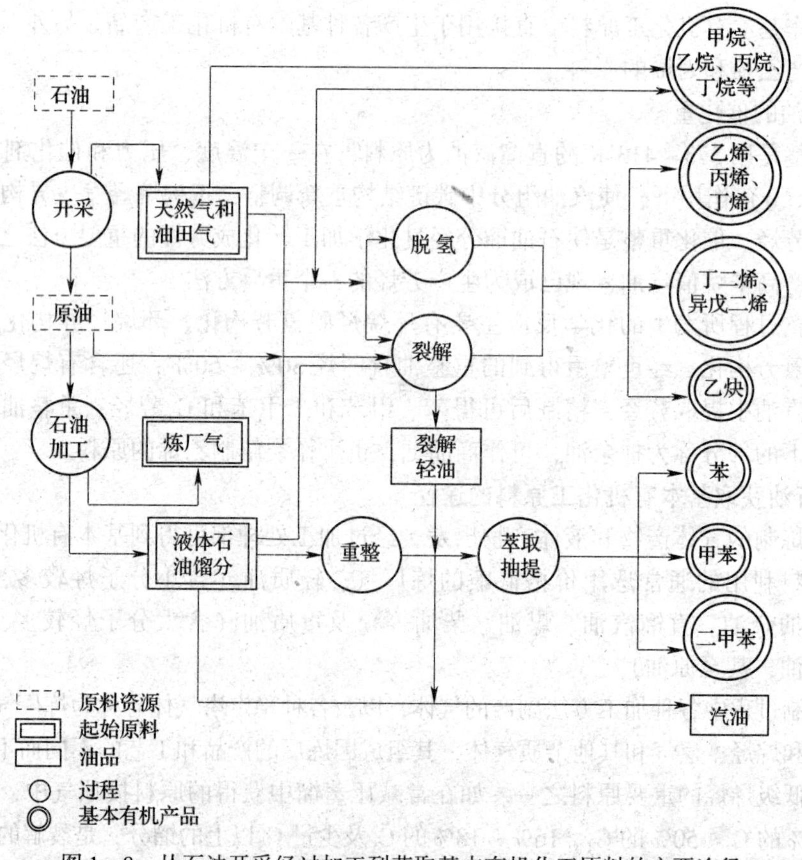

图 1—8　从石油开采经过加工到获取基本有机化工原料的主要途径

四、生物质及其化工利用

1. 生物质的分类

生物质就是生物有机物质，泛指农产品、林产品以及各种农林产品加工过程中的废弃物。农产品的主要成分是单糖、多糖、淀粉、油脂、蛋白质、木质纤维素等，林产品主要是由纤维素、半纤维素和木质素三种成分组成的木材。

用于加工化工基本原料的生物质可分为三类。

（1）含糖和淀粉的物质

主要成分是多糖化合物，如糖蜜、玉米、小麦、薯类、甜高粱、甜菜和野生植物的果实与种子。

（2）含纤维素的物质

主要是棉花、大麻、木材、农作物的秸秆、壳、皮以及木材采伐和加工过程中产生的下脚料等。

（3）油脂

包括动植物油和脂肪，主要是各种高级脂肪酸和甘油酯等，如动物脂肪、蓖麻、油菜籽、棕榈籽和桐油等。

2. 生物质的化工利用

利用生物质资源获取基本有机化工原料和产品已有悠久的历史。早在17世纪，人们已发现将木材干馏可制取甲醇（联产乙酸和丙酮）。当前，利用生物质生产基本有机化工产品的主要加工方法是发酵、水解和干馏等。

（1）淀粉水解

将含糖或淀粉的物质经水解、发酵，可得乙醇、丙醇、丁醇等基本有机原料，过程如下：

含糖或淀粉的物质 $\xrightarrow{\text{水解}}$ 己糖 $\xrightarrow{\text{发酵}}$ 乙醇、丙醇、丁醇

糖蜜、纤维素也是发酵法制乙醇的良好原料。

（2）纤维素水解

稻草、麸皮、玉米芯、甘蔗渣、棉籽壳、花生壳等农业副产品和农业废弃物中含有的纤维素水解的过程如下：

含纤维素的物质 $\xrightarrow{\text{水解}}$ 戊糖 $\xrightarrow{\text{脱水}}$ 糠醛

糠醛学名呋喃甲醛，是无色透明的油状液体，分子结构中含有醛基、双烯和环醚的官能团，化学性质活泼，可参与多种类型的化学反应，主要用于生产糠醇树脂、糠醛树脂、顺丁烯二酸酐等，同时也是医药、农药产品的重要原料之一。

（3）油脂水解

油脂是高级饱和脂肪酸和不饱和脂肪酸的甘油酯，是制取高级脂肪酸和高级饱和醇的重要原料，油脂水解可得高级脂肪酸。

（4）其他加工途径

生物液体燃料的加工过程，主要是指利用生物质热解综合技术和生物质液化技术提取生物液体燃料的过程。生物质液化技术是以生物质为原料，通过热化法、生化法、机械法和化学法等方法，制取醇类和生物柴油等液体燃料的反应过程。发展生物液体燃料，将极大地缓

解能源危机，具有广阔的开发前景。

综上所述，生物质资源经过化学加工可得到多种基本有机化工原料和产品，甚至对于有些产品，从生物质中制取是唯一的方法，因此开发利用生物质资源生产基本有机化工原料和产品具有重要意义。

思考练习题

1. 什么是基本有机化学工业？《基本有机化工工艺》课程主要讲述哪些内容？

2. 有机化工产品分为哪几类？基本有机化学工业在化学工业中的地位怎样？

3. 简述基本有机化学工业在国民经济中的作用。

4. 基本有机化工生产有哪些特点？请举例说明。

5. 试比较有机原料和无机原料的相同点和不同点。

6. 试比较产品、成品、半成品、副产品、联产品、商品和废品之间的不同。

7. 什么是转化率、产率和收率？它们的大小表示什么含义？它们之间有什么关系？

8. 什么是空间速率、接触时间和消耗定额？它们的大小表示什么含义？空间速率与接触时间有什么关系？

9. 什么是催化剂？什么是催化剂的活性、选择性和使用寿命？催化剂的活性、选择性如何衡量？

10. 什么是催化剂的活化、衰退及再生？催化剂的活化和再生方法有哪些？催化剂衰退的原因有哪些？

11. 催化剂在装填时有哪些注意事项？在使用时有哪些注意事项？

12. 什么是单机试车、联动试车和化工试车？它们有什么不同？

13. 什么是正常停车、局部紧急停车、全面紧急停车？它们有什么不同？出现正常停车、局部紧急停车、全面紧急停车时，如何做好停车后的处理工作？请举例简要说明。

14. 什么是煤的焦化、汽化和液化？它们有什么不同？

15. 简述天然气的组成和分类。以天然气为原料生产的产品有哪些？

16. 简述石油的组成和分类。

17. 什么是石油的常减压蒸馏、催化裂化和催化重整？它们有什么不同？

18. 生物质的种类有哪些？常见的加工方法有哪些？

第二章　烃类裂解生产乙烯和丙烯

低级烯烃分子（如乙烯、丙烯和丁烯）中含有双键，它们的化学性质活泼，能与许多物质发生氧化、卤化、烷基化、水合等反应，生成一系列有重要工业价值的产物。低级烯烃分子是基本有机化工产品和高分子聚合物的主要原料，用途非常广泛。在自然界中没有烯烃存在，工业上获得低级烯烃的主要方法是烃类裂解。

烃类裂解的主要目的是使石油系烃类原料（乙烷、丙烷、液化石油气、石脑油、轻柴油、重柴油等）在高温下发生断链或脱氢反应，生成分子量较小的烯烃（乙烯、丙烯等）、烷烃和其他不同分子量的轻质烃和重质烃。

在低级不饱和烃中，乙烯最为重要，产量也最大，乙烯的产量常作为衡量一个国家基本有机化学工业发展水平的标志。丙烯也是重要的基本有机化工原料，用途也很广泛。

第一节　乙烯、丙烯的性质及其用途

学习目标

通过学习本节，学习者应能达到下列目标：

熟记乙烯和丙烯的主要性质和用途。

一、物理性质

乙烯、丙烯在常温下均为易燃、易爆、带有香甜味的气体，难溶于水，能溶于有机溶剂。这两种气体的沸点、熔点和相对密度都随相对分子质量的增加而增加，其物理常数见表2—1。

表2—1　　**乙烯、丙烯的物理常数**

名称	熔点（K）	沸点（K）	相对密度（沸点时）	临界温度（K）	临界压力（$\times10^5$Pa）	在空气中的爆炸极限（体积分数）（%）
乙烯	103.6	169.3	0.57	282.9	5.11	2.75～28.6
丙烯	87.8	225.3	0.61	364.9	4.60	2.0～11.1

知识拓展

爆炸极限

爆炸极限又称爆炸范围，是指可燃气体、液体的蒸气或粉尘与空气混合，能发生爆炸的浓度范围。爆炸极限常用体积分数来表示。在空气中能发生爆炸的最高浓度称为爆炸上限。爆炸混合物的浓度高于爆炸上限时不发生爆炸，只与空气中的氧接触而燃烧。爆炸混合物在空气中能发生爆炸的最低浓度称为爆炸下限。爆炸混合物的浓度低于爆炸下限时，不发生爆炸，也不发生燃烧。

二、化学性质

乙烯、丙烯分子中含有双键，化学性质活泼，能与许多物质发生反应。

1. 加成反应

如乙烯在磷酸催化剂作用下，于553~573 K、7.1~8.1 MPa与水直接水合生成乙醇。

2. 氧化反应

乙烯、丙烯进行氧化反应时，由于催化剂和反应条件的不同，生成的氧化产物也不同。如乙烯用活性银作催化剂，在温度为493~553 K的条件下，用空气或氧直接氧化，生成环氧乙烷。如将乙烯和氧气或空气通入氯化钯、氯化铜、盐酸和水组成的催化剂溶液中，在393~403 K和0.3~0.35 MPa的反应条件下，生成乙醛。又如丙烯在不同的条件下氧化可生成丙烯醛或丙烯腈。

3. 聚合反应

乙烯、丙烯分子可以彼此打开双键进行自身加成反应，由低分子化合物聚合成高分子化合物。如乙烯在10.1~20.3 MPa压力下，用氧化物作引发剂，就能聚合成链长不等的聚乙烯。丙烯用烷基铝和三氯化钛作催化剂，在323 K和2.03 MPa的条件下，以汽油为溶剂进行聚合，生成聚丙烯。聚乙烯和聚丙烯是性能良好、用途广泛的塑料。

三、用途

随着石油化学工业的发展，乙烯、丙烯的来源不断增多，它们已成为基本有机化工生产中最基本的原料，在三大合成材料生产及其他化工部门中均有广泛的应用。如乙烯在高压下聚合，可制得高压聚乙烯；乙烯和氯气生成二氯乙烷，进一步加工可制得聚氯乙烯；乙烯与苯反应，生成乙苯，脱氢后制得苯乙烯，苯乙烯再与丁二烯聚合，制得丁苯橡胶；乙烯在催化剂作用下，经水合可生成乙醇、乙醛、乙酸；由乙烯还可制得维纶。丙烯和氨氧化可生成丙烯腈，由丙烯腈可制得腈纶；由丙烯也可生产丙烯醛、丁醇、辛醇、丙酮和甘油等化工原料，从而可以制得多种化工产品。

即学即练

1. 通过互联网查找乙烯与丙烯的性质与用途。除了互联网你还可以通过哪些方式获得乙烯与丙烯的性质与用途的相关知识？

2. 举出乙烯或丙烯发生加成反应、氧化反应和聚合反应的方程式实例。

第二节 烃类裂解过程的化学反应

学习目标

通过学习本节，学习者应能达到下列目标：

1. 区分一次反应和二次反应。

2. 熟记烃类裂解反应的特点。

烃类裂解过程的化学反应十分复杂，包括脱氢、断链、异构化、脱氢环化、芳构化、脱烷基化、聚合、缩合和焦化等反应。所以，裂解是许许多多化学反应的综合过程。裂解产物的复杂程度不仅与裂解反应有关，还和使用的裂解原料有关。即使使用单一组分原料进行裂解，生成的产物也十分复杂，例如乙烷裂解的产物有氢、甲烷、乙烷、乙烯、丙烯、丙烷、丁烯、丁二烯、芳烃和 C_5 以上的组分。如果使用石油系原料（含有多种单烃的混合物）来裂解，得到的产物会更加错综复杂。因此，要全面描述这样一个极其复杂的反应过程十分困难。为了对烃类裂解过程有一个较概括的认识，烃类裂解过程中的主要产物及其变化关系如图 2—1 所示。

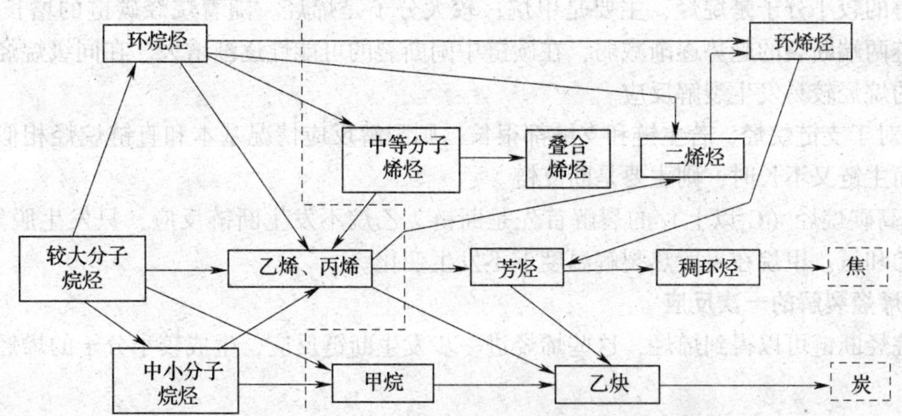

图 2—1　烃类裂解过程中的主要产物及其变化关系

在图 2—1 所示的反应生成物变化过程中，为便于分析，可以将它们划分为一次反应和二次反应。一次反应就是由原料烃类（主要是烷烃和环烷烃）经高温裂解生成乙烯、丙烯的反应（图 2—1 中虚线左边），它是生成目的产物的反应。二次反应主要是指由一次反应产物（乙烯、丙烯、中小分子烷烃）进一步发生反应生成多种产物（如炔烃、二烯烃、芳烃），甚至最后生成焦或炭。二次反应不仅降低了一次反应产物乙烯、丙烯的收率，而且生成的焦和炭会堵塞管道和设备，影响裂解操作的稳定性，二次反应是不希望发生的。因此，在确定工艺条件时，应尽量促使一次反应的进行，抑制二次反应的发生。

一、烃类裂解的一次反应

在裂解原料中，主要烃类组分有烷烃、环烷烃和芳烃。尽管原料的来源和种类不同，但其主要成分还是一致的，只是各种烃的比例有差异。裂解过程就是这些烃类发生一次反应和二次反应的过程。

1. 烷烃裂解的一次反应及其规律

（1）烷烃裂解的一次反应

1）脱氢反应。是指烷烃分子中的 C—H 键断裂的反应，生成的产物是碳原子数与原料烷烃相同的烯烃和氢气。其通式为：

$$C_nH_{2n+2} \longrightarrow C_nH_{2n} + H_2$$

脱氢反应是可逆反应，在一定条件下达到动态平衡。

2）断链反应。是指烷烃分子中的 C—C 键断裂的反应，生成的产物是碳原子数较少的烷烃和烯烃，其通式为：

$$C_{m+n}H_{2(m+n)+2} \longrightarrow C_mH_{2m} + C_nH_{2n+2}$$

碳原子数（$m+n$）越大，这类反应越易进行。

（2）烷烃裂解反应的规律

1）脱氢反应和断链反应都是吸热反应，所以，在裂解时必须供给大量的热量。脱氢反应比断链反应所需的热量更多。

2）断链反应比脱氢反应容易进行，且不受平衡限制。要使脱氢反应达到较高的平衡转化率，必须采用更高的温度。

3）在断链反应中，低分子烷烃的C—C键在碳链两端断裂比在碳链中间断裂占优势。断链所得的较小分子是烷烃，主要是甲烷；较大分子是烯烃。随着烷烃碳链的增长，C—C键在碳链两端断裂的趋势逐渐减弱，在碳链中间断裂的可能性逐渐增大。在同级烷烃中，带有支链的烷烃较易发生裂解反应。

4）对于支链烷烃，若主链和支链都很长，则裂解反应情况基本和直链烷烃相似；若支链很短而主链又不长时，则主要是断支链。

5）高碳烷烃（C_4以上）的裂解首先是断链。乙烷不发生断链反应，只发生脱氢反应，生成乙烯和氢。甲烷在一般热裂解温度下不发生变化。

2. 烯烃裂解的一次反应

由烷烃断链可以得到烯烃，这些烯烃进一步发生断链反应，生成较小分子的烯烃，其通式为：

$$C_{m+n}H_{2(m+n)} \longrightarrow C_mH_{2m} + C_nH_{2n}$$

生成的小分子烯烃，也可能进一步发生反应。例如，丙烯断链的通式为：

$$2C_3H_6 \longrightarrow C_2H_4 + C_4H_8$$

乙烯在1 273 K以上可脱氢生成乙炔，通式为：

$$C_2H_4 \longrightarrow C_2H_2 + H_2$$

3. 环烷烃裂解的一次反应

环烷烃裂解时，发生断链反应和脱氢反应。带侧链的环烷烃首先进行脱烷基反应，脱烷基反应一般在长侧链的中部开始断链，一直进行到侧链变成甲基或乙基，然后再进一步发生环烷烃脱氢生成芳烃的反应。环烷烃脱氢比开环生成烯烃容易。裂解原料中环烷烃含量增加时，乙烯和丙烯的收率会下降，丁二烯、芳烃的收率则会有所增加。

4. 芳烃裂解的一次反应

芳烃的热稳定性很高，在一般的裂解温度下不易发生芳环开裂的反应。所以，由苯生成乙烯的可能性很小。但烷基芳烃的侧链会发生断裂生成苯、甲苯、二甲苯等反应和脱氢反应。芳烃在较剧烈的裂解条件下会发生脱氢缩合反应。如苯脱氢缩合生成联苯和萘等多环芳烃，多环芳烃还能继续脱氢缩合为稠环芳烃，直至结焦。

5. 不同烃类的裂解反应规律

（1）烷烃

正构烷烃最有利于生成乙烯、丙烯，分子量越小则烯烃的总收率越高。异构烷烃的烯烃总收率低于同碳原子数的正构烷烃。

（2）环烷烃

在通常裂解条件下，环烷烃生成芳烃的反应优于生成单烯烃的反应。含环烷烃较多的原料，其丁二烯、芳烃的收率较高，乙烯的收率较低。

(3) 芳烃

有侧链的芳烃，主要是侧链逐步断裂及脱氢；无侧链的芳烃，基本上不易裂解为烯烃，而倾向于脱氢缩合生成稠环芳烃，直至结焦。

二、烃类裂解的二次反应

烃类裂解过程的二次反应远比一次反应复杂。原料经过一次反应生成了氢、甲烷和一些低分子量的烯烃，如乙烯、丙烯、丁烯、异丁烯、戊烯等，氢和甲烷在该裂解温度下很稳定，而烯烃则可继续反应。

1. 烯烃的裂解

大分子烯烃可以裂解生成小分子烯烃或二烯烃，例如戊烃裂解：

$$C_5H_{10} \longrightarrow C_2H_4 + C_3H_6$$

$$C_5H_{10} \longrightarrow C_4H_6 + CH_4$$

裂解的结果可以增加乙烯和丙烯的收率。

2. 烯烃的加氢和脱氢反应

烯烃的加氢反应可生成烷烃，脱氢反应则可生成二烯烃和炔烃，例如：

$$C_2H_4 + H_2 \longrightarrow C_2H_6$$

$$C_2H_4 \longrightarrow C_2H_2 + H_2$$

3. 烯烃的聚合、环化、缩合等反应

烯烃能发生聚合、环化和缩合等反应，生成较大分子的烯烃、二烯烃和芳香烃，例如：

$$2C_2H_4 \longrightarrow C_4H_6 + H_2$$

$$C_2H_4 + C_4H_6 \longrightarrow \text{(苯环)} + 2H_2$$

$$C_3H_6 + C_4H_6 \xrightarrow{-H_2} \text{芳香烃}$$

4. 烃的生炭和结焦反应

在较高温度下，低分子烷烃和烯烃都有可能分解为碳和氢，这一过程是随着温度升高而分步进行的。如乙烯脱氢先生成乙炔，再由乙炔脱氢生成炭和氢气，过程为：

$$CH_2 = CH_2 \xrightarrow{-H_2} CH \equiv CH \longrightarrow 2C + H_2$$

又如非芳烃裂解时，首先生成环烷烃，然后脱氢生成苯，再由苯缩合生成芳烃液体，进一步脱氢缩合而结焦。

$$\text{烷烃} \xrightarrow{-H_2} \text{环烷烃} \xrightarrow{-nH_2} \text{苯} \xrightarrow{-nH_2} \text{芳烃液体} \xrightarrow{-nH_2} \text{焦}$$

多环芳烃，如茚、菲等，比苯更易缩合而结焦。

生炭和结焦反应所经历的途径、反应所需温度均有所不同。生炭是在较高温度下（> 1 200 K）通过生成乙炔的中间阶段，脱氢生成稠合的原子团。结焦是在较低温度下（< 1 200 K）通过生成芳烃至稠环芳烃的中间阶段，经缩合而成。因此，生炭反应主要倾向于制乙炔的温度条件，结焦反应是制乙烯的温度条件（1 023 ~ 1 173 K）。不论何种情况，只要有适合生炭、结焦的条件，就能在设备表面结成固体焦炭层，给正常操作带来不利的影响。

由上述分析可知，裂解的二次反应非常复杂。在二次反应中，除较大分子的烯烃裂解能增产乙烯、丙烯外，其余的反应都要消耗乙烯，降低乙烯收率。由烯烃二次反应导致的生焦或生碳还会堵塞裂解炉管，影响正常生产。因此，裂解原料中应尽量避免带有烯烃组分。

思考

生焦和生碳有什么不同?

三、烃类裂解反应的特点

烃类裂解反应有如下特点：

1. 烃类裂解是强吸热反应，需要高温。因此，必须有一个能提供相当高温度的裂解炉，裂解原料在其中迅速升温并在高温下进行裂解，产生裂解气。生成乙烯的温度为 1 023 ~ 1 173 K，生成乙炔的温度在 1 373 K 以上。

2. 为了抑制二次反应的发生，反应的停留时间应很短（一般 0.05 ~ 1 s），必须尽快让裂解气离开高温反应区，然后立即采取急冷措施，使裂解气快速降温。

3. 烃类裂解的一次反应是分子数增加的反应，降低压力，有利于平衡反应向生成乙烯的方向移动，有利于乙烯的生成。烃类聚合、缩合等二次反应是分子数减少的反应，降低压力可以抑制二次反应。因此，裂解过程的压力一般都较低，在 150 ~ 300 kPa（表压）范围之内。为此，通常加入蒸汽作稀释剂，以降低烃的分压，达到降压的目的。

4. 不论裂解原料是单一烃还是混合烃，裂解反应产物均是复杂的混合物，除了裂解气和液态烃（指裂解轻柴油和裂解燃料油）之外，还有固体产物焦或炭的生成。裂解气的组成大致为氢气、甲烷、一氧化碳、二氧化碳、水、硫化氢、乙烷、乙烯、乙炔、丙烷、丙烯、丁烷、丁烯、丁二烯、C_5 ~ C_{10}及 C_{10}以上的组分。焦或炭则附着在炉管内壁上，所以对裂解炉要定期进行烧焦除炭。

第三节　裂解过程的影响因素

学习目标

通过学习本节，学习者应能达到下列目标：

说明裂解温度、停留时间、压力和稀释剂对裂解反应的影响。

在烃类高温裂解生产乙烯、丙烯等产品的现代化生产过程中，要实现高产、优质、低耗，除采用高度连续化、自动化的先进工艺技术和高效能的设备外，还必须选择最佳的工艺条件，才能保证生产操作稳定，投入较少的原料，生产较多的目的产品，实现较高的经济效益。在烃类裂解工艺过程中，影响裂解过程的主要因素有裂解温度、停留时间和压力及稀释蒸汽用量。

一、裂解温度和停留时间

1. 裂解温度对裂解反应的影响

裂解是吸热反应，需要在高温下才能进行。温度越高对生产乙烯、丙烯越有利，对烃类分解成碳和氢的副反应也越有利。因此，必须有一个最适宜的裂解温度，以便得到较高的转化率。烃类裂解制乙烯的最适宜温度一般在 1 023 ~ 1 173 K 之间。若裂解温度不同，一次反应产物的分布也会随之改变。由表2—2可看出，异戊烷的裂解温度不同，一次反应产物的分布就不同，提高反应温度，可以获得较高的乙烯、丙烯收率。

表2—2　裂解温度对异戊烷一次反应产物分布的影响（计算值）

温度（K）	组分（%）（质量分数）							总计（%）	乙烯+丙烯（%）
	H_2	CH_4	C_2H_4	C_3H_6	$i-C_4H_8$	$1-C_4H_8$	$2-C_4H_8$		
873	0.7	16.4	10.1	15.2	34.0	10.1	13.5	100	25.3
1 273	1.6	14.5	13.6	20.3	22.5	13.6	14.5	100	33.9

当裂解温度低于1 023 K时，生成乙烯的可能性较小，或者说乙烯的产率较低；若裂解温度在1 023 K以上，生成乙烯的可能性较大，温度越高，反应的可能性越大，乙烯的产率越高。当裂解温度超过1 173 K，甚至达到1 373 K时，对生炭结焦反应极为有利，同时生成的乙烯又会经历乙炔中间阶段而生成炭。裂解温度升高，原料的转化率虽有增加，但产品的产率却大大下降。表2—3为裂解温度对乙烷单程转化率和乙烯产率的影响。

表2—3　裂解温度对乙烷单程转化率和乙烯产率的影响

温度（K）	停留时间（s）	乙烷单程转化率（%）	按分解乙烷计的乙烯产率（%）
1 105	0.027 8	14.8	89.4
1 144	0.027 8	34.3	86.0

因此在采用高温裂解时，必须相应地改变停留时间等其他操作条件以减少焦炭的生成。

2. 停留时间对裂解反应的影响

停留时间是指物料从反应开始到达到某一转化率时在反应器内经历的反应时间，即反应原料在反应器中停留的时间。若该反应在催化剂存在的条件下进行，则停留时间表示反应原料与催化剂接触的时间。

由于裂解过程存在着一次反应和二次反应的竞争，故在一定的反应温度下，每一种裂解原料都有它最适宜的停留时间。如果裂解原料在反应区停留时间太短，大部分原料还来不及反应就离开了反应区，使原料的转化率降低，同时也增加了后续物料分离、回收的能量消耗。若原料在反应区停留时间过长，则造成一次反应产物的再反应，加剧了二次反应的进行，生成大量焦和炭，既浪费了原料，又影响生产的正常进行。停留时间对乙烷单程转化率和乙烯产率的影响见表2—4。

表2—4　停留时间对乙烷单程转化率和乙烯产率的影响

温度（K）	停留时间（s）	乙烷单程转化率（%）	按分解乙烷计的乙烯产率（%）
1 105	0.027 8	14.8	89.4
1 105	0.080 5	60.2	76.5

从表2—4可以看出，停留时间过长，原料的转化率会升高，但乙烯的产率在下降。

3. 裂解温度和停留时间的关系

在烃类裂解时必须综合考虑裂解温度和停留时间这两个主要影响因素，裂解温度和停留时间对乙烷裂解反应的影响如图2—2所示。

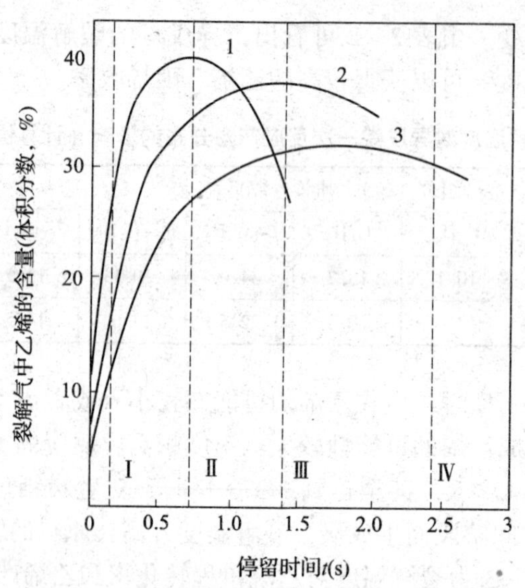

图 2—2　裂解温度和停留时间对乙烷裂解反应的影响

1—1 116 K　2—1 089 K　3—1 055 K

（1）裂解温度和停留时间互相依赖

如没有高温，停留时间无论怎样变动也得不到高产率的乙烯。反之，没有适宜的停留时间，温度无论怎样变动，同样也得不到高产率的乙烯。

（2）裂解温度和停留时间互相制约

裂解温度和停留时间两者要配合恰当。在一定的温度条件下，停留时间过长，对一次反应和二次反应的进行都有利，虽然乙烷的转化率增大，但乙烯的实际产率下降；当停留时间过短，大部分原料还来不及反应就离开了反应区，使乙烷的转化率降低；如停留时间在适宜的范围内，此时裂解气中乙烯的含量较高，而乙烷的损失较小，即提高了乙烷的转化率和乙烯的产率。例如，在图 2—2 中温度线 1 和停留时间线Ⅱ的相交处就是最佳反应条件。

（3）提高裂解温度、缩短停留时间利于乙烯生成

裂解温度越高，最适宜的停留时间越短，产品中乙烯的含量越高。这是因为二次反应主要发生在转化率较高的裂解后期，如控制很短的停留时间，一次反应产物还没来得及发生二次反应就迅速离开了反应区，从而提高了乙烯的产率。

综上所述，裂解温度与停留时间是互相关联的。提高裂解温度，同时缩短停留时间，乙烯的产率才能获得提高。所以，烃类裂解必须在高温、快速、急冷的条件下进行，即让裂解原料快速上升到反应温度，经短时间（适宜停留时间）的高温反应后，迅速离开反应区，然后使裂解气急冷降温，终止其反应。高温、快速、急冷是烃类裂解的基本特点。

近几年来，世界各主要工业国家的裂解技术都相继采用高裂解温度、短停留时间的操作条件，以增加乙烯的产量。石油烃裂解温度由过去 973 K 提高至 1 173 K 以上，停留时间由 1 ~2 s缩短到 0.2 ~ 0.5 s，甚至缩短到以毫秒计。目前，乙烷的裂解温度一般为 973 ~ 1 053 K，停留时间根据温度可选在 0.5 ~1 s 的范围内，也可在 0.3 ~0.4 s 之间。

二、裂解反应的压力和稀释剂

1. 压力对裂解反应的影响

烃类裂解的一次反应，不论是断链还是脱氢，都是气体摩尔数增多、体积增大的反应。

例如：

$$C_3H_8 \longrightarrow C_3H_6 + H_2$$

1 体积　1 体积　1 体积

$$C_3H_8 \longrightarrow C_2H_4 + CH_4$$

1 体积　1 体积　1 体积

对于反应后气体体积增大的可逆反应，降低压力有利于反应向正方向进行，即有利于提高乙烯的平衡产率。但在高温条件下，断链反应是不可逆的，几乎接近全部转化，因此改变压力对这类反应的平衡转化率影响不大。对于脱氢反应（主要是低分子烷烃脱氢），它是一可逆过程，降低压力有利于提高其平衡转化率。相反，聚合、缩合、生焦等二次反应都是体积缩小的反应，降低压力可以抑制这些反应的发生，即减缓了生焦的速度。压力的改变对这类二次反应的平衡转化率虽可能有影响，但影响一般并不显著。

从反应速率方程式 $v = kc$（k 表示反应速率常数，c 表示反应物的浓度）可以看出，压力还可以影响反应物的浓度而对反应速率起作用。降低压力对一次反应和二次反应速率都是不利的，但压力对二次反应的影响比一次反应的影响大得多。降低压力可增大一次反应对二次反应的相对反应速率，有利于提高乙烯收率，减少焦的生成。

降低压力对增产乙烯、抑制二次反应产物的生成都是有利的。但烃类裂解一般不采用直接减压的方法，因为高温系统不易密封，如采用减压操作，有可能让空气渗入裂解系统（包括急冷至压缩前的系统），与裂解气形成爆炸混合物。此外，减压下操作不利于后面分离工段的压缩，会增加能量的消耗。所以，通常采用在裂解气中添加惰性稀释剂的办法来降低烃分压。稀释剂一般采用水蒸气，也称稀释蒸汽。

2. 稀释剂对裂解反应的影响

在裂解系统处于正常操作时，系统总压必等于系统内各组分分压之和。当裂解原料中加入稀释剂后，系统内水的分压就增高，相应烃分压必然下降，从而达到减压操作的目的。从表 2—5 中可以看出，系统中乙烷分压的降低，对裂解反应是有利的。

表 2—5　　乙烷分压对裂解反应的影响

温度（K）	停留时间（s）	乙烷分压（$\times 10^5$ Pa）	乙烷转化率（%）	乙烯产率（%）
1 073	0.5	0.5	60	75
1 073	0.5	1.0	30	70

稀释剂不仅起到降低烃分压的作用，而且还可提高管内裂解气体的速度，减少生焦反应的发生，有利于炉管传热和保护炉管的寿命。

对稀释剂最基本的要求就是在化学反应过程中具有稳定性。一般氢、氮和惰性气体均可作稀释剂，但目前工业上采用的是水蒸气。水蒸气具有以下优点：

（1）水蒸气比较稳定，与烃类一般不发生反应。

（2）水蒸气与裂解产物容易分离，对裂解气的质量无影响。

（3）可以抑制原料中的硫对合金钢反应管的腐蚀作用。

（4）水蒸气能消除裂解管中的碳，从而减轻炉管内的结焦、生炭。其反应为：

$$C + H_2O \longrightarrow CO + H_2$$

（5）水的摩尔质量小，降低烃分压的作用明显，并且水蒸气可由装置内进行余热回收。

（6）水蒸气的比热容较大，升温时虽然消耗热能较多，但能使炉管温度分布均匀，减小局部过热，有利于正常操作和延长炉管寿命。

（7）水蒸气对裂解管内金属表面起一定的氧化作用，使炉管内金属表面的铁、镍形成氧化物薄膜，减小了合金钢管表面铁和镍对烃类气体分解生成碳的催化作用。

在工业生产装置中，水蒸气的加入量应有一个最佳值。加入过多的水蒸气，会使炉管的处理能力下降，增加能量消耗。适宜的水蒸气加入量随裂解原料不同而异，一般是以能防止结焦，延长操作周期为前提。裂解原料越易结焦，加入水蒸气的量也越大。表 2—6 为采用管式炉裂解不同原料的水蒸气稀释度。

表 2—6　　采用管式炉裂解不同原料的水蒸气稀释度

裂解原料	原料含氢量（%）（质量分数）	结焦难易程度	稀释度（水蒸气: 烃）（质量分数）
乙烷	20	较不易	0.25～0.4
丙烷	18.5	较不易	0.3～0.5
石脑油	14～16	较易	0.5～0.8
轻柴油	13.6	很易	0.75～1.0
原油	13.0	极易	3.5～5.0

综上所述，原料烃的裂解宜采用高的裂解温度、短的停留时间和较低的烃分压，产生的裂解气要迅速离开反应区，并加以急冷，以获得较高的乙烯产率。

即学即练

1. 判断下列说法是否正确，并说明理由。

（1）裂解温度越高，则裂解产物中乙烯的含量越高。

（2）裂解时原料的停留时间越短，则裂解产物中乙烯的含量越高。

（3）提高裂解反应的温度、缩短停留时间，裂解产物中乙烯的含量增加。

（4）在裂解反应中升高压力有利于一次反应的进行。

（5）在裂解反应中加入水蒸气的主要目的是防止结焦和生炭。

2. ＿＿＿＿＿、＿＿＿＿＿、＿＿＿＿＿是烃类裂解的基本特点。

3. ＿＿＿＿＿（升高、降低）压力对裂解反应有利，通常采用在裂解气中添加＿＿＿＿＿的办法来降低烃分压。

知识拓展

稀释剂用量的表示方法

稀释剂的用量常以稀释度来表示，它是指单位质量原料烃中所含稀释剂的质量，即

$$q = \frac{稀释剂的质量(\mathrm{kg})}{原料烃的质量(\mathrm{kg})}$$

第四节　倒梯台裂解炉生产乙烯和丙烯

学习目标

通过学习本节，学习者应能达到下列目标：

1. 识别倒梯台下吹式裂解炉的结构，说明各个部件的作用；说明裂解炉的结构与烃类裂解反应的特点之间的关系。

2. 叙述（绘制）倒梯台下吹式裂解炉裂解工艺流程，说明工艺流程中各个设备的作用，说明工艺流程中重要设备的主要工艺指标变化对生产的影响。

3. 解释裂解炉结焦的原因，熟记常用的清焦方法。

4. 判断和处理烃类裂解生产过程中出现的异常现象。

烃类裂解的基本特点是高温、快速、急冷。工业生产上要实现这些特点，在保证生产连续的同时还要控制裂解过程中的结焦和清焦，就必须采用合适的裂解方法和选择先进的裂解设备。目前工业上生产乙烯、丙烯广泛采用的是间接传热的管式裂解炉。管式裂解炉就是外部加热的管式反应器，它主要由炉体和裂解炉管两大部分组成。炉体用钢构件和耐火材料砌筑，分为对流室和辐射室，原料预热管和蒸汽加热管安装在对流室内，裂解炉管布置在辐射室内。在辐射室的炉侧壁和炉顶（或炉底）安装一定数量的燃烧嘴。由于裂解管的布置方式和烧嘴安装位置及燃烧方式不同，管式裂解炉的炉型有多种。目前国内外有代表性的裂解炉型有美国鲁姆斯公司开发的短停留时间 SRT 型裂解炉、美国凯洛格公司开发的 MSF 毫秒裂解炉、日本三菱油化公司开发的倒梯台下吹式裂解炉以及我国自行设计制造的 CBL 炉（北方炉）等十几种。尽管各种炉型外观结构各具特色，但都体现了高温、短停留时间、低分压的共同特点，本书选取倒梯台下吹式裂解炉为例进行说明。

一、倒梯台下吹式裂解炉的结构及特点

1. 倒梯台下吹式裂解炉的结构

倒梯台下吹式裂解炉的结构如图 2—3 所示。该炉宽 4.2 m，长 8.25 m，高 27.5 m。上部为辐射段，炉管 4 单排垂直排布，下部为对流段 7，对流段 7 与辐射段 3 之间有拱形结构的耐火隔墙 6，炉顶与炉侧梯台处有烧嘴 2 和 5，因烧嘴轴线与辐射段炉管轴线平行，烧嘴燃烧时火焰方向朝下，故称倒火焰，也称下吹式。废烟气由引风机 10 排向烟囱。急冷热交换器 1（急冷废热锅炉）设置在炉子顶部。炉内侧截面是倒梯台形，故称倒梯台裂解炉。

2. 倒梯台下吹式裂解炉的特点

（1）在倒梯台下吹式裂解炉辐射段中有四组裂解炉管，每组有七根管子，材质为 HK－40 耐高温合金钢。七根裂解炉管的排列如图 2—4 所示，1、2、3、4 四根管子是椭圆管，尺寸为长轴 146 mm，短轴 76 mm，厚 13 mm，长 11 800 mm。四根管子分两列并流，然后再合并于串联的 5、6、7 三根圆管，尺寸为 ϕ148 mm × 10.5 mm × 11 800 mm。采用椭圆管的好处是当椭圆管与圆管具有同样的体积时，则椭圆管的管表面积/管体积的值大于圆管的管表

面积/管体积的值，即每单位长度的椭圆管的传热面积比圆管大。因此椭圆管比圆管传热快，物料在椭圆管内的停留时间短，同时椭圆管处理能力比圆管大。

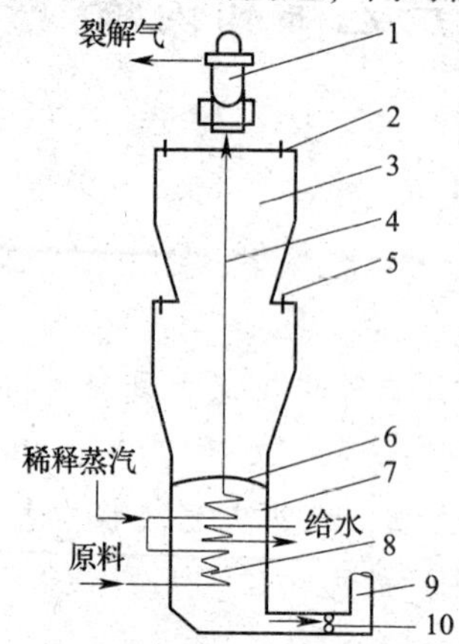

图 2—3　倒梯台下吹式裂解炉的结构

1—急冷热交换器（急冷废热锅炉）　2—炉顶烧嘴
3—辐射段　4—炉管　5—炉侧烧嘴　6—耐火隔墙
7—对流段　8—预热段　9—烟道　10—引风机

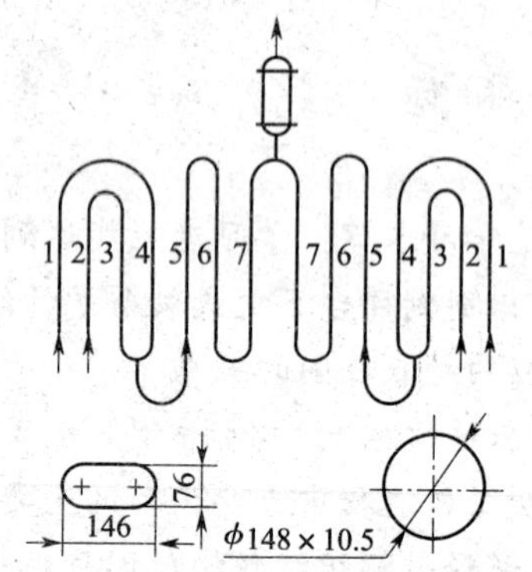

图 2—4　辐射段裂解炉管的排列示意图

（2）炉子烧嘴安装方向朝下，烧嘴分上部（炉顶）和中部（梯台处）两层安排，每层 16 个，每台炉子 32 个烧嘴，可以燃烧气体燃料或重质液体燃料，也可以二者混烧。垂直向下喷烧的优点是燃料在下行火焰中能充分燃烧，烧嘴不易结焦，避免了水平烧嘴不完全燃烧时出现的滴漏或结垢等弊病，并且可以克服火焰及高温气体自然向上的趋势，避免了一般炉子上部温度过高的毛病。这样安装使炉管受热均匀，且炉子的热效率高。

（3）炉管为单排垂直悬吊布管。这样布置，炉管受到火焰的双面辐射，使炉管周向及轴向受热均匀。另外，垂直布管使设备紧凑，维修方便，占地面积小，且高温炉管仅受轴向应力。显然，同样强度的炉管，垂直排布比水平排布能承受更高的温度。

（4）对流段与辐射段之间用拱形的耐火隔墙隔开。隔墙对辐射室起反射热量的作用，同时使烟气沿炉壁通过隔墙从旁引入对流段。这样，烟气不直接对对流段最上排的管子加热，起到保护对流段炉管的作用（因对流段炉管一般采用普通碳钢管，如 STB35S）。

（5）安装急冷热交换器（急冷废热锅炉）。急冷热交换器位于裂解炉管出口的正上方，用短管直接与裂解炉连接。急冷热交换器与裂解炉的间距小，使裂解气一出裂解炉管就被急冷，从而终止二次反应。安装急冷热交换器的数目随裂解原料的不同而有差异，一般煤柴油裂解炉安装两台，乙烷裂解炉安装一台。

思考

倒梯台下吹式裂解炉的结构是如何体现烃类裂解工艺的特点的？

知识拓展

其他有代表性的管式裂解炉

一、美国鲁姆斯公司开发的短停留时间 SRT 型裂解炉

SRT－ⅡHS 型管式裂解炉的结构如图 2—5 所示，特点如下：

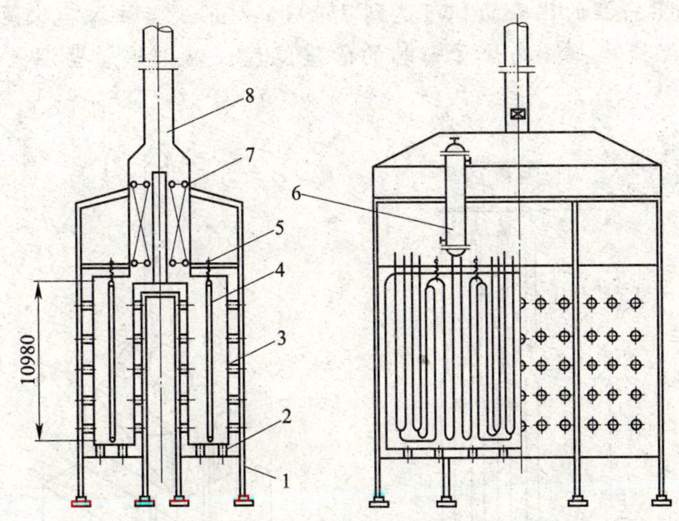

图 2—5　SRT－ⅡHS 型管式裂解炉的结构

1—炉体　2—油气联合烧嘴　3—气体烧嘴　4—辐射炉管

5—弹簧吊架　6—急冷锅炉　7—对流段　8—引风机

1. 炉型为单排双辐射立式管式炉，对流段设置在辐射室上部的一侧，炉管通常成对排列。

2. 反应在高温、短停留时间及低烃分压的操作条件下进行。

3. 反应初期到反应后期，采用的炉管从小管径变为大管径，以缩短停留时间，提高热量的利用率和减少结焦。

4. 有两种回收热量的方案，一是将热量用于预热锅炉给水和烃进料，二是将热量用于产生过热高压蒸汽。

5. 原料的转化率和反应的选择性较高。

为了提高裂解炉的生产能力，就应增加炉管的处理能力，可通过增加管子的路数和组数，降低盘管总长度，来达到缩短停留时间的目的。

二、美国凯洛格公司开发的 MSF 毫秒裂解炉

MSF 毫秒裂解炉如图 2—6 所示，毫秒裂解炉的特点是在高裂解温度下，物料在炉管内的停留时间可缩短至 100 ms 左右，仅为一般裂解炉停留时间的 $\frac{1}{6}\sim\frac{1}{4}$。裂解炉管由一程单排垂直管构成，管径 25 ~ 30 mm，管长 10 m。毫秒裂解炉阻力小，烃分压低，因此乙烯收率比其他炉型高。

三、我国自行设计制造的 CBL 炉（北方炉）

CBL 炉（北方炉）炉管布置示意图如图 2—7 所示，CBL 炉的炉管选用 2—1 型结构，它为两程分支变径炉管。第一程为一根管，规格为 ϕ65 mm × 6 mm，第二程为一根管，规格为 ϕ85 mm × 8 mm。一台炉共 16 组，每两组为一个 2—1 型炉管结构，最后一程的裂解气汇集到第一急冷器，由第一急冷器出来的裂解气汇集到第二急冷器。辐射段炉管排列方式为第一程错排排列，第二程单排排列。每组炉管总长度为 20 m 左右。此炉的特点是具有较大的比表面积（单位炉管体积具有的传热面积，单位为 m^2/m^3），平均比表面积可达到

67.65 m^2/m^3，而第一程的比表面积可达到 75.93 m^2/m^3。当注入二次蒸汽时，可加快物料在入口端的升温速率，提高炉管前端的管壁温度，缩小炉管壁温差，有效地利用了炉管。

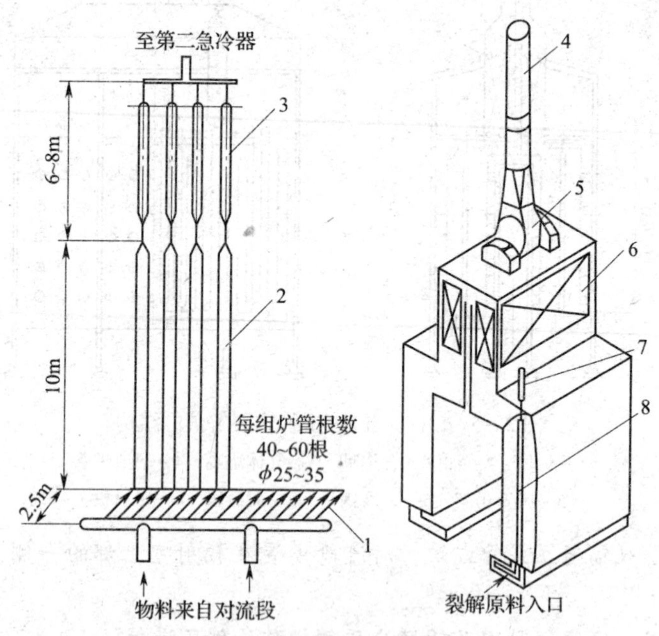

图 2—6　MSF 毫秒裂解炉示意图

1—猪尾管　2、8—反应器　3、7—第一急冷器　4—烟囱　5—引风机　6—对流段

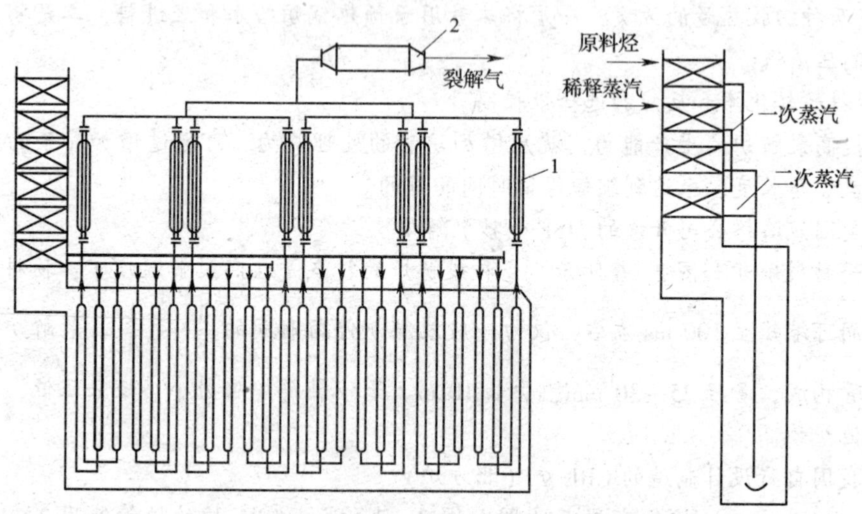

图 2—7　CBL 炉（北方炉）炉管布置示意图

1—第一急冷器　2—第二急冷器

CBL 炉停留时间短，达到 0.3 s 以下，同时压力也由一般分支管的 0.1 MPa 左右降至 0.02 ~ 0.03 MPa，较好地实现了高温、短停留时间和低烃分压。由于第二程的管径较大，克服了小管径易结焦的缺点，保证裂解炉有较长的运转周期。

二、生产工艺流程

倒梯台下吹式裂解炉裂解工艺流程如图 2—8 所示，裂解工艺流程包括裂解系统、汽油精馏及汽油解吸系统、热量回收系统及水循环利用系统三部分。

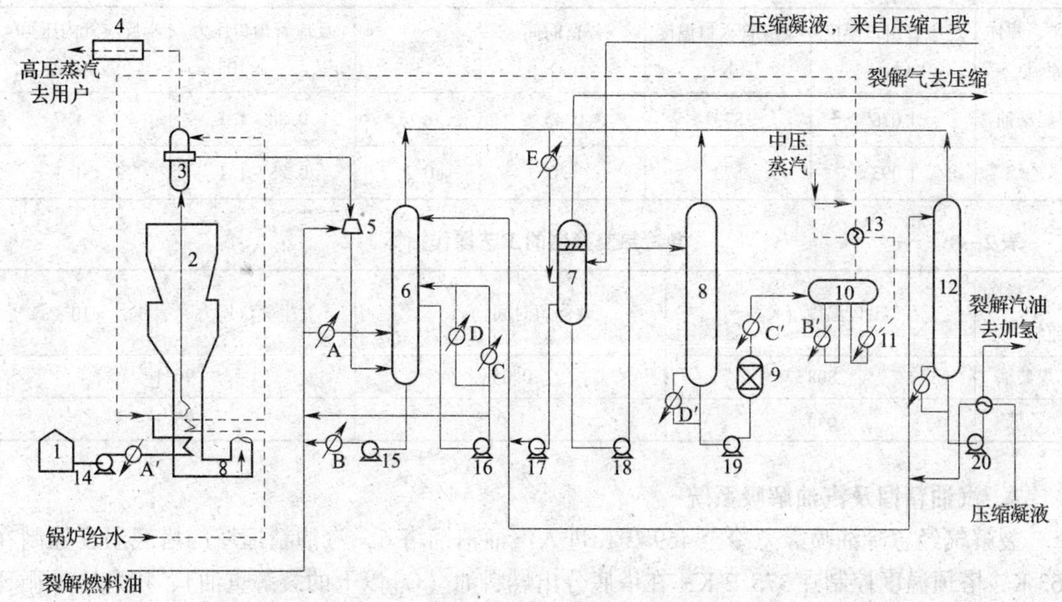

图 2—8 倒梯台下吹式裂解炉裂解工艺流程

1—原料罐 2—裂解炉 3—急冷热交换器 4—高压蒸汽过热系统 5—油急冷器 6—汽油精馏塔 7—工艺水—油分离器 8—工艺水解吸塔 9—工艺水过滤器 10—稀释蒸汽罐 11—稀释蒸汽发生器 12—汽油解吸塔 13—过热器 14、20—进料泵 15—急冷油循环泵 16—中间回流泵 17—回流泵 18—工艺水解吸塔进料泵 19—稀释蒸汽进料泵 A、A′—同一裂解原料预热器 B、B′—同一稀释蒸汽发生器 C、C′—同一工艺水换热器 D、D′—同一工艺解吸塔再沸器 E—裂解气冷却器

1. 裂解系统

裂解原料（煤柴油或乙烷）由进料泵 14 送出，首先经预热器 A′加热到 433 K，然后进入对流段的预热部分，再进一步预热，并和一定比例的稀释蒸汽混合（煤柴油的稀释度为 0.75，乙烷的稀释度为 0.3）。混合气体在对流段被加热到 873 K，此时裂解原料已全部汽化，继续进入裂解炉 2 辐射段的裂解反应管，由于炉管温度高达 1 343 K，裂解管内的气体被迅速加热到裂解温度（对于裂解炉反应管出口的温度，煤柴油的裂解温度为 1 038K，停留时间为 0.45 s；乙烷的裂解温度为 1 093 K，停留时间为 1 s）。反应管出口压力根据后部压缩工序的压缩机吸入压力的要求，控制在 0.088 ~ 0.11 MPa（表），不能随意调节。高温裂解气离开辐射段裂解管的出口，立即进入炉顶的急冷热交换器（急冷废热锅炉）3 快速急冷降温，在此与锅炉给水间接换热（煤柴油急冷器出口温度为 808 K，停留时间为 0.05 s；乙烷急冷器出口温度控制在 653 K，停留时间为 1 s），急冷热交换器的作用是终止二次反应。在此换热过程中，利用裂解气带出的热量产生 9.61 MPa 的高压水蒸气，该水蒸气经高压蒸汽过热系统 4 后，作为压缩机和水泵的透平动力。从急冷热交换器出来的裂解气，再经油急冷器 5，被喷雾注入的急冷油（C_{10}以上的燃料油）急冷。倒梯台下吹式裂解炉所用的燃料是燃料油和燃料气，油气混烧时，油气比为 60:40，经烧嘴由上往下向炉内喷射燃烧，

燃烧烟气由引风机排往烟囱。裂解炉的炉膛压力由烟道挡板控制，炉膛和炉顶压力约为 0.098 MPa。倒梯台下吹式裂解炉及急冷热交换器的工艺操作指标见表 2—7 和表 2—8。

表 2—7　　倒梯台下吹式裂解炉的工艺操作指标

指标 原料	反应管出口温度（K）	反应管入口温度（K）	停留时间（s）	稀释度	反应管出口压力（表压，$\times 10^5$ Pa）	反应管内压力（$\times 10^5$ Pa）
煤柴油	1 038	873	0.45	0.75	0.88 ~ 1.1	< 1.7
乙烷	1 093	873	1.0	0.3	0.88 ~ 1.1	< 1.7

表 2—8　　急冷热交换器的工艺操作指标

指标 原料	出口温度（K）	停留时间（s）	发生蒸汽压力（表压，$\times 10^5$ Pa）
煤柴油	808	0.05	96.1
乙烷	653	1.0	96.1

2. 汽油精馏及汽油解吸系统

裂解气经急冷油喷雾急冷至 469.2 K 进入汽油精馏塔 6，汽油精馏塔的塔底温度控制在 463 K，塔顶温度控制在 375.2 K，在塔底分出燃料油（C_{10}以上的裂解重油），用急冷油循环泵 15 送至稀释蒸汽发生器 B（B′），利用其热量发生 687 kPa（表）的稀释蒸汽，而本身被冷却作为急冷油，进入油急冷器 5 循环使用。中间回流泵 16 在汽油精馏塔中段抽出循环液作为工艺水解吸塔再沸器 D（D′）和工艺水换热器 C（C′）的热量。从回流液中抽出一部分混入塔底急冷油中，以降低油的黏度，抽出量由塔中段的液面控制。塔底急冷油的多余部分被冷却，作为副产燃料油送出系统。

从汽油精馏塔塔顶出来的主要为 C_9以下的馏分，经裂解气冷却器 E 用工业水冷却到 313 K，进入工艺水—油分离器 7（来自裂解气压缩机一、二、三段进口，吸入罐的压缩冷凝液及干燥器吸入罐底部的冷凝液也进入此分离器）。重质汽油大部分被冷凝，未冷凝的气体为 C_4以下的组分，称为轻质裂解气，由工艺水—油分离器顶部被压缩机吸到分离工序的压缩工段。

在工艺水—油分离器中，冷凝液分为油和水两层，油层大部分作为回流，用汽油精馏塔回流泵 17 送到汽油精馏塔顶，多余部分进入汽油解吸塔 12（塔顶温度为 344 K，塔底温度为 395 K），由该塔顶部出来的轻质气体重返裂解气冷却器 E，塔底出来的就是裂解汽油（$C_5 \sim C_{10}$），经冷却后被送到汽油加氢装置。

本系统的主要作用是从裂解气中分离出燃料油及裂解汽油，其工艺操作指标见表 2—9。

表 2—9　　汽油精馏及汽油解吸系统的工艺操作指标

指标 塔	压力（$\times 10^5$ Pa）	塔顶温度（K）	塔底温度（K）	塔径 × 塔高（mm × mm）	塔板数（浮阀）（块）
汽油精馏塔	0.647	375	465	ϕ5 000 × 24 300	13
汽油解吸塔	0.697	344	395	ϕ1 100 × 8 350	12

3. 热量回收系统及水循环利用系统

由工艺水—油分离器 7 底部出来的冷凝水（水层），经工艺水解吸塔进料泵 18，送入工艺水解吸塔 8，将溶于水中的低级烃解吸出来。工艺水解吸塔塔底温度为 393 K，塔顶温度为 391 K。塔顶气体返回裂解气冷却器 E，塔底的工艺水用稀释蒸汽进料泵 19 输送，通过装有玻璃绒的工艺水过滤器 9 后，与汽油精馏塔中段回流液的工艺水换热器 C′（C）进行热交换而被预热，送入稀释蒸汽罐 10。稀释蒸汽罐的工艺水在稀释蒸汽发生器 11 与急冷油、中压蒸汽进行热交换，产生 0. 68 MPa（表压）的稀释蒸汽。发生的稀释蒸汽经过热器 13，被中压蒸汽过热，作为稀释剂供给各裂解炉使用。

汽油精馏塔采用中段回流冷却、塔底急冷油循环冷却，这些热交换措施的目的是回收热量，利用工艺水产生稀释蒸汽，并循环使用，提高热效率，减少污水的排放量。

工艺水解吸塔的工艺操作指标见表 2—10。

表 2—10　　工艺水解吸塔的工艺操作指标

项目	压力（$\times 10^5$ Pa）	塔顶温度（K）	塔底温度（K）	塔径 × 塔高（mm × mm）	塔板数（浮阀）（块）
指标	0. 89	391	393	ϕ1 500 × 10 300	12

烃类裂解除制取乙烯、丙烯等目的产品外，同时还产生氢气、甲烷、C_3液化气、C_4馏分、裂解汽油、裂解燃料油等许多副产品。氢气可作加氢脱炔和裂解汽油加氢的原料气。裂解汽油富含芳烃，经加氢处理后，供抽提芳烃用。甲烷和裂解燃料油可作裂解炉燃料。由于采取了急冷热交换器（急冷锅炉）等一系列热量综合利用措施，因此，该流程产生的高压蒸汽和稀释蒸汽可满足本装置所需蒸汽量的 70% 左右，能量利用较合理。

高温裂解制取烯烃的工艺技术比较成熟，此种炉型结构简单，操作容易，便于控制，能连续生产；所得的乙烯、丙烯收率较高，质量好，消耗动力少，热效率高，废热大部分都能回收利用。其缺点是不宜用重油、原油等重质油作裂解原料，裂解管需要采用大量昂贵的耐高温合金钢。

三、裂解炉的结焦与清焦

裂解炉运转一段时间（一般约 40 d）后，由于裂解过程中的聚合、缩合等二次反应的发生，生成的焦炭和高聚物积附在裂解管内壁，并在急冷废热锅炉换热管的内壁上形成焦炭层。因此，在裂解炉运转过程中，要经常掌握炉管的结焦情况，根据其结焦程度，确定裂解炉是否要进行清焦操作。

炉管结焦后，裂解炉会出现以下异常现象：

1. 一般在无焦时，裂解炉管的管壁外表面温度在 1 193 K 左右，运转 40 d 后，其温度可达 1 323 K，在炉管表面会出现局部光亮和斑点。

2. 裂解原料入口压力显著增大，裂解管管内压力大于 0. 176 MPa。

3. 急冷废热锅炉换热管压力降大于 0. 049 MPa。

4. 继续提高裂解原料加入量，但乙烯、丙烯的收率却明显下降。

裂解炉结焦影响操作稳定性，并造成传热效果的严重恶化、燃料消耗增加和炉管表面局部过热，既浪费了能量，又加速了炉管的损坏。同时，结焦使炉管截面积减小，阻力增大，使裂解炉的生产能力下降，烯烃的收率减小。因此，裂解炉运转一段时间后就必须清焦。

清焦就是除去炉管内壁表面所形成焦炭的过程。以前的清焦方法是将裂解炉和急冷废热锅炉停车拆开，分别进行除焦后，再将这些设备组装好重新开车运转。除焦时间需要 3 ~ 4 d，这样会减少全年的运转天数，设备生产能力不能充分发挥。目前一般交替采用不停炉清焦和机械清焦两种方法。

不停炉清焦，就是不将裂解炉完全停车和拆开，将裂解炉出口温度降至 773 ~ 873 K，同时用水蒸气和空气将沉积在裂解管和急冷废热锅炉换热管内的焦炭逐渐烧掉。其反应式为：

$$C + O_2 \longrightarrow CO_2$$

$$C + H_2O \longrightarrow CO + H_2$$

$$CO + H_2O \longrightarrow CO_2 + H_2$$

清焦反应约 20 h 后，分析放空尾气中 CO_2 的含量，当 CO_2 质量分数小于 0.3% 时，说明焦炭基本烧掉了。除焦时间一般在 24 h 内，这样裂解炉运转周期大为增长。

由于裂解炉不停炉清焦温度为 973 ~ 993 K，裂解管内焦炭一般在此温度下烧尽，而急冷废热锅炉换热管内温度却低于此值，管内焦炭不能完全用燃烧方法清除，所以要进行机械清焦。

机械清焦是用刮刀或专用工具清除急冷废热锅炉换热管内焦炭的方法。在实际生产中，机械清焦和不停炉清焦结合进行，即每清焦三次中，前两次为不停炉清焦，后一次为机械清焦。停车拆开裂解炉和急冷废热锅炉之间的连接短管，用刮刀或专用工具进行机械清焦。

将少量的结焦抑制剂添加到裂解原料中可抑制结焦。常用的结焦抑制剂有硫、硫化物、碱土金属氧化物和含磷化合物等。裂解炉出口气体中 CO 和 CO_2 的正常浓度为 0.02% ~ 0.05%（质量分数），如果出口浓度过高，就需加入结焦抑制剂。例如在以 C_2、C_3、C_4 和石脑油为原料的裂解反应中加入硫（常用硫的浓度为 72 ~ 143 mg/m^3），可有效防止炉管中的镍对碳与水蒸气的催化作用，降低裂解气中的 CO 和 CO_2 的浓度，便于分离。

知识拓展

管式炉裂解技术展望

管式炉裂解法是烃类裂解制取低级烯烃的一种成熟工艺。其主要优点有炉型结构简单，操作容易，便于控制，能多台炉并联形成大规模生产；产品收率高，热效率高，动力消耗低等。但是，就目前技术水平来说，管式炉还有一些待解决的问题。首先是对重质原料的适应性还有一定的限制，裂解重质原料时极易结焦，故不得不降低裂解深度，经常清焦，缩短了有效生产时间，也影响了裂解炉及炉管的寿命。目前，尽管世界各国采用的裂解原料不尽相同，但从降低原料价格及加强原料综合利用的角度考虑，裂解原料具有由轻质原料向重质原料变化的趋势。故应设计能适应多种裂解原料的炉型；应用计算机在供热、操作参数调节等方面实现自动控制，以提高裂解的选择性和降低能耗；开发耐高温的裂解管材；研究催化裂解等新的裂解方法，今后这些领域的研究将会进一步丰富和完善裂解技术。

四、烃类裂解中不正常现象的产生原因及处理方法

烃类裂解中不正常现象的产生原因及处理方法见表2—11。

表2—11　　烃类裂解中不正常现象的产生原因及处理方法

序号	异常现象	产生原因	处理方法
1	裂解气出口温度升高，由正常的操作温度升到1 063 K	（1）指示仪表失灵 （2）燃料油量太高	（1）检查仪表是否正常 （2）调节燃料油量
2	急冷废热锅炉液面波动，由正常的17%波动至高位30%、低位5%	（1）指示仪表失灵 （2）锅炉给水不正常	（1）检查仪表是否正常，必要时切断遥控，改用现场手动控制 （2）检查锅炉给水系统
3	炉膛进口压差增大到177 kPa	炉管结焦	清焦
4	炉膛负压降低	（1）风门开度不够，或引风机发生故障 （2）引风机发生故障	（1）检查并调整风门开度，或排除引风机故障 （2）手动切断燃料气和燃料油供给，全开烟道挡板
5	急冷废热锅炉出口裂解气温度升高（煤柴油炉温度高于863 K，乙烷炉温度高于763 K）	急冷废热锅炉热管内结焦	清焦
6	炉管局部超温	管内壁结焦	清焦
7	烧嘴堵塞	燃料油堵塞	更换或清洗烧嘴
8	汽油精馏塔中段回流液位波动，由正常的50%波动至低位10%～20%	（1）仪表有误动作 （2）进入工艺水换热器的量过多或过少 （3）进入工艺解吸塔再沸器的量过多或过少	（1）检查仪表是否正常 （2）调节通入工艺水换热器的调节阀 （3）切断工艺解吸塔再沸器进料或增大进料量
9	汽油精馏塔塔釜温度升高	（1）急冷油循环泵及附属过滤器堵塞 （2）去急冷器的循环量不足	（1）检查急冷油循环泵及附属过滤器 （2）检查调节阀是否开足，启动备用泵
10	工艺水解吸塔塔釜温度偏低	（1）仪表失灵或误动作 （2）工艺水解吸塔进水泵发生故障 （3）釜温高	（1）检查仪表 （2）检查进水泵，必要时启动备用泵 （3）调节再沸器及中间回流量，降低釜温
11	工艺水—油分离器压力波动	裂解气流量波动，压缩机发生异常	检查裂解气压缩机运转情况，当顶部压力超过0.098 MPa时，安全阀打开，裂解气排入火炬

第五节　裂解气的净化与分离

学习目标

通过学习本节，学习者应能达到下列目标：

1. 熟记裂解气的组成，说明裂解气分离的目的。

2. 熟记裂解气的分离方法，解释深冷分离的概念，熟记深冷分离的工艺流程组成部分及各部分的作用。

3. 解释裂解气压缩的原因。

4. 熟记裂解气中酸性气体的来源、危害及脱除方法，叙述（绘制）碱洗法脱除酸性气体流程，说明碱洗法工艺操作条件的变化对酸性气体脱除的影响。

5. 熟记裂解气中水分的来源、危害及脱除方法，叙述（绘制）分子筛脱水再生工艺流程。

6. 熟记裂解气中炔烃的来源、危害及脱除方法，叙述（绘制）催化加氢脱乙炔流程。

7. 熟记深冷分离中制冷的目的和方法；解释冷冻循环制冷和节流膨胀制冷的概念，并能区分两种工艺。

8. 说明深冷分离中各个精馏塔的作用。

9. 熟记影响乙烯收率的因素及提高乙烯收率的方法，比较高压法与低压法中脱甲烷塔的主要工艺参数及优缺点。

10. 比较乙烯塔和丙烯塔的异同。

11. 说明逐级分凝多股进料、尾气膨胀补充制冷、采用中间冷凝器和中间再沸器等节能措施的原理。

12. 叙述（绘制）顺序深冷分离流程，说明工艺流程中各个设备的作用，说明工艺流程中重要设备的主要工艺指标变化对生产的影响。

13. 比较顺序深冷分离流程、前脱乙烷深冷分离流程和前脱丙烷深冷分离流程的异同。

14. 判断和处理裂解气净化与分离操作中出现的异常现象。

一、裂解气的组成及分离方法简介

1. 裂解气的组成和分离目的

裂解气是由石油烃原料裂解制得的。它是一种含有氢气和多种低级烃类（主要是甲烷、乙烷、乙烯、丙烷、丙烯与 C_4、C_5的烯烃和烷烃，已脱除了大部分 C_5以上的液态烃）的复杂混合物。此外，裂解气中还含有少量的炔烃、硫化物、一氧化碳和二氧化碳、水分、惰性气体等杂质，其组成随裂解原料、裂解方法和裂解条件的不同而不同。表 2—12 是轻柴油裂解气的组成。

表 2—12　　轻柴油裂解气的组成

成分	含量（%）（摩尔分数）	成分	含量（%）（摩尔分数）
H_2	13.182 8	正丁烷	0.075 4
CO	0.175 1	C_5	0.514 7
CH_4	21.248 9	C_6 ~ C_8非芳烃	0.694 1
C_2H_2	0.368 8	苯	2.138 9
C_2H_4	29.036 3	甲苯	0.929 6
C_2H_6	7.795 3	二甲苯 + 乙苯	0.357 8
丙二烯 + 丙炔	0.541 9	苯乙烯	0.219 2
C_3H_6	11.475 7	C_9 ~200℃馏分	0.239 7
C_3H_8	0.355 8	CO_2	0.057 8
1，3 - 丁二烯	2.419 4	硫化物	0.027 2
异丁烯	2.708 5	H_2O	5.04

裂解气净化与分离的目的是除去裂解气中的有害杂质，分离出单一烯烃或烃的馏分，为基本有机化学工业和高分子化学工业等提供原料。多组分的裂解气不能直接用作原料生产化工产品，许多高分子聚合物产品的生产要求使用高纯度的烯烃为原料，例如，生产聚乙烯、聚丙烯以及乙丙橡胶等用的乙烯、丙烯，其纯度要求大于99.9%（摩尔分数）。又如，直接氧化法生产环氧乙烷、氧氯化法生产二氯乙烷等要求原料乙烯的纯度在99%以上。为了获得这样高纯度的产品，必须对裂解气进行净化和分离。

2. 裂解气分离方法简介

工业生产上采用的裂解气分离方法主要有深冷分离和油吸收精馏分离两种，目前国内外大型裂解气分离广泛采用深冷分离法。本书主要介绍深冷分离法。

深冷分离法的原理是在173 K左右的低温下，将裂解气中除了氢和甲烷以外的气体烃类全部冷凝下来，利用裂解气中各种烃类的相对挥发度不同，在合适的温度和压力下，在精馏塔内进行多组分精馏分离，利用不同的精馏塔将各种烃逐个分离出来，其实质是冷凝精馏过程。工业上一般把冷冻温度等于或低于173 K的称为深度冷冻（简称深冷），高于223 K的称为浅度冷冻（简称浅冷），在173 ~ 223 K之间的称为中度冷冻。因为上述分离方法采用了173 K以下的冷冻系统，故称为深度冷冻分离，简称深冷分离。

由表2—12可见，裂解气是非常复杂的混合气体，要从这样复杂的混合气体中分离出高纯度的乙烯和丙烯等产品，需要进行一系列的净化与分离过程。如图2—9所示为深冷分离流程示意图。图中净化部分的位置可以变动，精馏塔的数量及其位置也是多方案的，可以根据产品要求设计出不同的深冷分离流程，但对其分离过程可以概括成如下三大部分。

(1) 气体净化系统

该系统的作用是脱酸性气体、脱水、脱炔和脱一氧化碳，气体净化的目的是除去裂解气中所含的杂质，排除对后继操作的干扰并提纯产品。

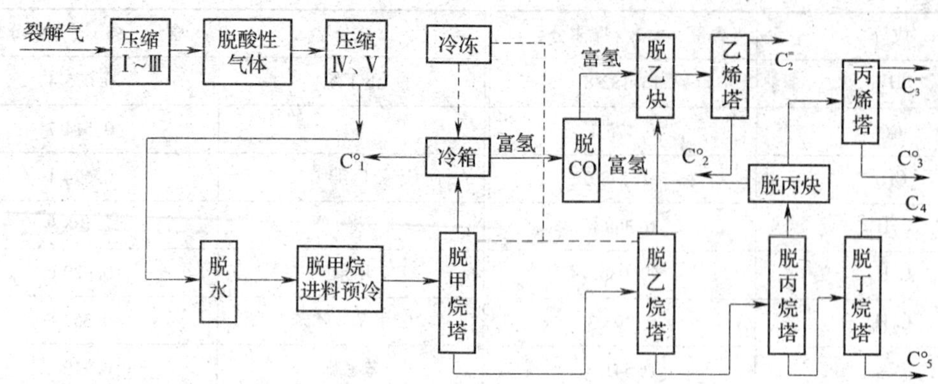

图 2—9　深冷分离流程示意图

（2）压缩和冷冻系统

使裂解气加压降温，同时脱除重组分，为分离创造条件。

（3）精馏分离系统

经过一系列精馏塔的精馏，以便分离出甲烷、乙烯、丙烯、C_4和C_5馏分等。它是保证产品质量的重要操作部分。

深冷分离法是目前工业生产中应用最广泛的分离方法。它的技术经济指标先进，产品纯度高，分离效果好，但投资较大，流程复杂，动力设备较多，需要大量的耐低温合金钢。

二、裂解气分离前的预处理

石油裂解气的预处理包括裂解气的压缩、净化（脱酸性气体、脱水、脱炔及脱一氧化碳）等操作。将略高于大气压的裂解气压缩到深冷分离所要求的压力，是裂解气压缩的主要目的。由表 2—12 可以看出，裂解气中含有的少量硫化物、CO_2、CO、C_2H_2、C_3H_4和H_2O等杂质，如不脱除，不仅会降低乙烯、丙烯等产品的质量，而且会影响分离过程的正常进行，所以裂解气在分离前必须先进行净化。

1. 裂解气的压缩

裂解气中许多组分在常压下都是气体，其沸点很低，见表 2—13。如对裂解气在常压条件下冷凝进行分离，则分离温度很低，需要大量的冷冻量，且还要用很多耐低温钢材制造设备，在经济上不够合理。因此裂解气的分离要在适宜的压力和温度下进行。根据物质的沸点随压力增加而升高的规律（见表 2—14），工业上设置裂解气压缩机将低压裂解气加压，从而升高裂解气中各组分沸点，即提高深冷分离的操作温度，既有利于分离，又可节约冷冻量和低温材料。此外，对裂解气压缩冷却，还能除掉相当量的水分和重质烃，以减少后续干燥及低温分离的负担。在深冷分离中，要采用经济上合理且技术上可行的压力，一般为 3. 54～3. 95 MPa。

表 2—13　　　　常压下裂解气某些组分的沸点

名称	氢	甲烷	乙烯	乙烷	丙烯	丙烷	异丁烷	异丁烯	丁烯	正丁烷
沸点（K）	20. 8	111. 5	169. 2	184. 4	25. 3	230. 93	261. 3	266. 1	266. 74	272. 5

表 2—14　　　　不同压力下裂解气某些组分的沸点

压力（$\times 10^5 Pa$） 沸点(K) 组分	101.3	10.13	15.2	20.26	25.33	30.39
氢	10	29	34	35	36	38
甲烷	111	144	159	166	172	178
乙烯	169	218	234	244	253	260
乙烷	185	240	255	266	276	284
丙烯	225.2	282	302	235.9	316.8	320

为了节省能量，降低压缩消耗功，裂解气压缩采用多段压缩，一般采用Ⅳ至Ⅴ段压缩。在段与段之间要设置中间冷却器，原因是裂解气经压缩后，不仅会使压力升高，而且气体温度也会升高，这对某些烃类尤其是丁二烯类的二烯烃，容易在较高的温度下发生聚合和结焦。这些聚合物和结焦物的存在，会堵塞压缩机阀片和磨损气缸，或沉积在叶轮上。同时，温度升高还会使压缩机润滑油黏度下降，从而使压缩机不能正常运转。因此，裂解气压缩后的气体必须用中间冷却器冷却降温，当裂解气中含有 C_4、C_5重组分时，压缩机出口温度一般不允许超过 373 K。另外，压缩机采用多段压缩也便于在压缩段之间进行裂解气的净化与分离，例如，脱酸性气体、脱水和脱除重组分等（见图 2—9）。

在深冷分离操作中，裂解气的压缩常采用往复式压缩机和离心式压缩机。离心式压缩机又称透平压缩机，它用蒸汽透平带动作高速运转。由于其具有效率高、输气量大、可以长时间连续运转、气流稳定均匀、装置紧凑、制造成本较低等优点，又能与蒸汽透平相结合，使乙烯装置中副产品的蒸汽得以利用，故广泛用于大型裂解气的深冷分离。

思考

裂解气压缩后为什么需要冷却？

2. 酸性气体的脱除

(1) 酸性气体的来源及危害

裂解气中的酸性气体主要是指 CO_2、H_2S，此外还含有少量有机硫化物，如氧硫化碳（COS）、二硫化碳（CS_2）、硫醚（RSR′）、硫醇（RSH）、噻吩（HC—CH=… 环状结构：HC=CH—CH=CH 与 S 成环）等。这些少量的有机硫化物也可在脱酸性气体操作过程中脱除。

裂解气中的硫化物主要是 H_2S，一部分是由裂解原料带来，另一部分是由裂解原料中所含的有机硫化物在高温裂解过程中与氢发生氢解反应而生成。例如：

$$RSH + H_2 \longrightarrow RH + H_2S$$

裂解气中 CO_2的来源有：

1）CS_2和 COS 在高温下与稀释水蒸气发生水解反应生成。

$$CS_2 + 2H_2O \longrightarrow CO_2 + 2H_2S$$

$$COS + H_2O \longrightarrow CO_2 + H_2S$$

2）裂解炉管中的结炭与水蒸气作用而生成。

$$C + 2H_2O \longrightarrow CO_2 + 2H_2$$

3）烃与水蒸气反应生成二氧化碳。

$$CH_4 + 2H_2O \longrightarrow CO_2 + 4H_2$$

这些酸性气体含量过多时，对烯烃的进一步分离和以后的合成带来危害。H_2S 能腐蚀设备管道，使干燥用的分子筛寿命缩短，还能使加氢脱炔用的催化剂中毒；CO_2则在深冷操作中会结成干冰，堵塞设备和管道，影响正常生产。另外，生产低压聚乙烯时，二氧化碳和硫化物的存在会破坏低压聚合催化剂的活性等，所以必须将这些酸性气体脱除。

（2）酸性气体的脱除方法

工业上一般采用吸收的方法，使用适当的吸收剂来洗涤裂解气，可同时除去二氧化碳和硫化氢等酸性气体。吸收过程在吸收塔内进行，塔内气体向上，吸收剂从上向下喷淋，气液两相进行逆向接触。对吸收剂的要求是对硫化氢和二氧化碳的溶解度大，反应性能强，而对裂解气中乙烯、丙烯溶解度小，不起反应；在操作条件下蒸汽压低，稳定性高；黏度和腐蚀性小，来源丰富，价格便宜。工业上已采用的吸收剂有加压水、氢氧化钠溶液、乙醇胺溶液和 N—甲基吡咯烷酮等。具体选用哪种吸收剂要根据裂解气中酸性气体含量、净化要求程度、酸性气体是否回收等条件来确定。

管式炉裂解气中一般 CO_2和 H_2S 等酸性气体含量较低，多采用氢氧化钠溶液洗涤法，简称碱洗法。如果裂解气中含硫量较高，因碱液不能回收，耗碱量太大，可考虑先用乙醇胺作吸收剂脱除大部分硫，吸收剂可再生，再进一步用碱洗法脱除残余的硫，此法称为胺—碱联合洗涤法。下面着重介绍碱洗法脱除酸性气体。

1）碱洗法原理。使裂解气中 CO_2和 H_2S 等酸性气体和硫醇、氧硫化碳等有机硫与氢氧化钠溶液发生下列反应而除去，以达到净化的目的。

$$CO_2 + 2NaOH \longrightarrow Na_2CO_3 + H_2O$$

$$H_2S + 2NaOH \longrightarrow Na_2S + 2H_2O$$

$$COS + 4NaOH \longrightarrow Na_2S + Na_2CO_3 + 2H_2O$$

$$RHS + NaOH \longrightarrow RSNa + H_2O$$

反应生成的 Na_2CO_3、Na_2S、RSNa 溶于废碱液中，排出后送至废液处理装置进行处理。

2）碱洗法流程。碱洗法脱酸性气体流程图如图 2—10 所示。由压缩Ⅲ段出来的裂解气进入碱洗塔底部，该塔分四段，上段为水洗，以除去裂解气中夹带的碱液，下部三段为碱洗，最下段用稀碱液洗，其浓度为 1% ~3%，最上段用浓度为 10% ~15% 的碱液洗涤，中段用 5% ~7% 的碱液洗涤。碱液用泵循环输送。新鲜碱液用碱液补充泵连续送入碱洗塔的上段循环系统。塔底排出的废碱液中含有硫化物，不能直接用生化法处理，经由水洗段排出的废水（0.1% ~0.2% NaOH）稀释后，送往废碱处理装置。

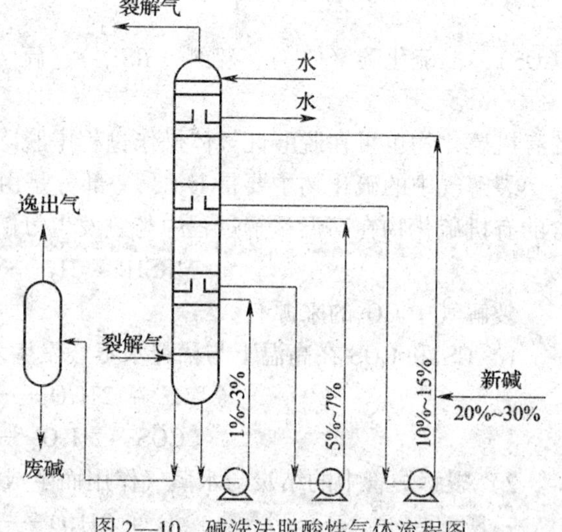

图 2—10　碱洗法脱酸性气体流程图

裂解气在碱洗塔内与碱液逆流接触，酸性气体被碱液吸收，除去了酸性气体的裂解气由塔顶引出，由干燥器干燥。

碱洗塔各段的碱液浓度自下而上递增，碱液浓度越高，则中和能力也越强，同时塔釜碱液浓度又控制得很低，使碱液首先与 CO_2 和 H_2S 发生如下反应：

$$CO_2 + NaOH \longrightarrow NaHCO_3$$

$$H_2S + NaOH \longrightarrow NaHS + H_2O$$

显然上述反应比生成 Na_2CO_3 和 Na_2S 的反应节省碱用量。

3）碱洗法工艺操作条件分析。对于碱洗塔的工艺操作条件，不同的裂解气分离装置其指标不同，通常碱洗塔的温度控制在 313 K，碱洗压力控制在 1.0 MPa，碱洗后含酸性气体杂质小于 $5 \times 10^{-4}\%$（体积分数）。

碱洗是加压进行的，加压能提高含硫化合物和二氧化碳的分压，增大它们在碱液中的溶解度，使之易于脱除。但增加压力，对碱液泵和设备的要求也相应提高。同时，操作中会有重组分被冷凝和碱液浓缩等现象。

在氢氧化钠吸收硫化氢和二氧化碳时要放出热量，由于裂解气中硫化氢和二氧化碳含量少，故放出的热量很少，因此，操作温度主要为碱液温度（303 ~ 313 K）。提高碱液温度，能加速反应进行，更有利于脱除有机硫。如碱液温度过高，硫化氢和二氧化碳的平衡分压也相应增加，从而影响了气体的净化度。如碱液温度过低，碱液的黏度会增大，流动困难，在操作中易发生气体带液现象。另外，温度降低，硫化钠和碳酸钠的溶解度降低，容易沉淀而堵塞设备和管道。

碱液浓度对吸收也有影响，碱液浓度越大，吸收硫化氢和二氧化碳的能力也越强，但浓度过高，碱液黏度增加，输送发生困难，且易发生带液现象；同时吸收生成的硫化钠和碳酸钠等因在碱液中的溶解度较小，易析出沉淀而堵塞管道，故碱液浓度不能太高。如碱液浓度过低，则酸性气体脱除不充分。实验表明，碱液浓度控制在 11.6%（质量分数）时，便能将裂解气中的酸性气体除净。

思考

硫化钠和碳酸钠等在碱液中析出沉淀，可能是哪些原因引起的？

3. 脱水（深度干燥）

（1）水分的来源及危害

由于在烃裂解过程中加入了稀释蒸汽，在脱酸性气体过程中又经过水洗，虽然裂解气在压缩过程中经加压、降温，能脱除大部分重质烃和水，但裂解气中仍含有一定量的水分，见表 2—12。裂解气分离是在 173 K 以下进行的，此时水分会凝结成冰。在一定压力和温度下，水还能和轻质烃形成白色晶体水合物，如 $CH_4 \cdot 6H_2O$、$C_2H_6 \cdot 7H_2O$、$C_4H_{10} \cdot 7H_2O$ 等。这些水合物在高压低温下是稳定的，与冰雪相似。它们会聚结在管壁上，既增加动力消耗，又使管道堵塞，产生局部冻塔，影响正常生产。为了防止出现这种情况，可用甲醇、乙醇或热甲烷—氢进行解冻，因为这些物质都能降低水的冰点和降低生成烃水合物的温度。这种方法是一种消极办法，最好的方法是对裂解气进行深度的脱水干燥，使其含水量在 2 mg/kg 左右，同时要求裂解气的露点在 203 ~ 208 K。

工业上对裂解气进行深度干燥的方法很多，主要采用固体吸附法。吸附剂有分子筛、活性氧化铝和硅胶等。脱除裂解气中微量水分，以分子筛吸附水容量最高，比活性氧化铝或硅胶的脱水效率高数倍，这是由于分子筛的比表面积大于一般吸附剂。但是在相对湿度较高时，活性氧化铝和硅胶的吸附水容量都大于分子筛。故有的脱水流程采用活性氧化铝与分子筛串联，含水气体先进入活性氧化铝干燥，然后再进入分子筛干燥器脱除残余水分。分子筛脱水效率高，使用寿命长，目前工业上已广泛采用。

知识拓展

露　点

一种含水的气体，当温度逐渐下降达到某一值时，气体中所含的水蒸气就达到饱和，如果温度继续降低，其中的水蒸气就以露珠形式凝聚起来，这时的温度就称为该气体的露点。露点越低表明该气体含水气越少。

吸　附

吸附是用多孔性的固体吸附剂处理流体混合物，使其中一种或几种组分吸附于固体表面，达到分离的目的。

（2）分子筛脱水

分子筛是人工合成的具有稳定骨架的多水合硅铝酸盐晶体。分子筛的主要成分为 SiO_2 和 Al_2O_3，其化学通式如下：

$$Me_{x/n}\left[(AlO_2)_x(SiO_2)_y\right]\cdot mH_2O$$

式中　Me——阳离子，主要是 Na^+、Ca^{2+} 和 K^+；

x/n——可交换的阳离子数；

x、y——整数；

n——阳离子价数；

m——水分子数。

分子筛具有许多相同大小的孔洞和内表面很大的孔穴，形成由毛细孔连通的空穴几何网络。使用时，比孔口直径小的分子可以通过孔口进入内部的孔穴，吸附在空穴内，然后在一定条件下使吸附的分子脱附出来，而比孔径大的分子则不能进入。这样就可以对分子大小不同的混合物加以分离。因它有筛分分子的能力，所以称为分子筛。将结晶分子筛用约 20% 的黏土或惰性白土等黏结剂黏结，制成片状、球状及圆柱状等形状，就可供工业上使用。

因分子筛组成的摩尔比不同，故分子筛的孔径大小就不一样。目前，工业上常用分子筛分为三种型号：A 型、X 型和 Y 型。A 型孔径最小，Y 型最大，X 型介于两者之间。分子筛的型号及其孔径规格见表 2—15。

表 2—15　　分子筛的型号及其孔径规格

型号		孔径（Å）（$1Å=10^{-10}$ m）	$SiO_2:Al_2O_3$（摩尔比）
A 型	3 A（钾 A 型）	3.0～3.3	2
	4 A（钠 A 型）	4.2～4.7	
	5 A（钙 A 型）	4.9～5.6	
X 型	10（钙 X 型）	8～9	2.3～3.3
	13（钠 X 型）	8～10	
Y 型	钠 Y 型	9～10	3.3～6
	钙 Y 型	9～10	

裂解气脱水常用的是 A 型分子筛，A 型分子筛的孔径大小比较均匀，它只能吸附小于其孔径的分子，具有较强的吸附选择性。例如 4A 型分子筛能吸附水和乙烷分子，而 3A 型分子筛只吸附水而不吸附乙烷分子，所以裂解气脱水用 3A 型分子筛比 4A 型分子筛好。此外，分子筛是一种离子型极性吸附剂，它对极性分子特别是水分子有极大的亲和力，易于吸附。H_2、CH_4、C_2H_2、C_2H_4是非极性分子，虽能通过分子筛的孔口进入空穴却不容易吸附，它们仍从分子筛孔口逸出。

分子筛的吸附能力随着它所吸附水分的增多而减弱，达到一定程度时便失去吸附能力，需要进行再生（即把已吸附的水分脱掉）。因吸附和脱附互为可逆，吸附放热，所以低温时对吸附有利；而脱附吸热，所以高温时对脱附有利。5A 型分子筛吸附水的容量与温度的关系如图 2—11 所示。

由图 2—11 可见，低温时水的平衡吸附容量高，反之则低。因此，可用分子筛在常温下对裂解气进行深度干燥。分子筛吸附水分以后，可以用氮气或甲烷氢尾气加热后作为分子筛的再生载气。N_2、CH_4、H_2等分子较小，可以进入分子筛的孔穴内，又是非极性小分子，可进入分子筛空穴内而不被吸附，能降低水气在分子筛表面上的分压，起携带水蒸气的作用，使水分子不断从空穴向外扩散，分子筛获得再生。在温度高于 353 K 时就开始有较好的再生效果。

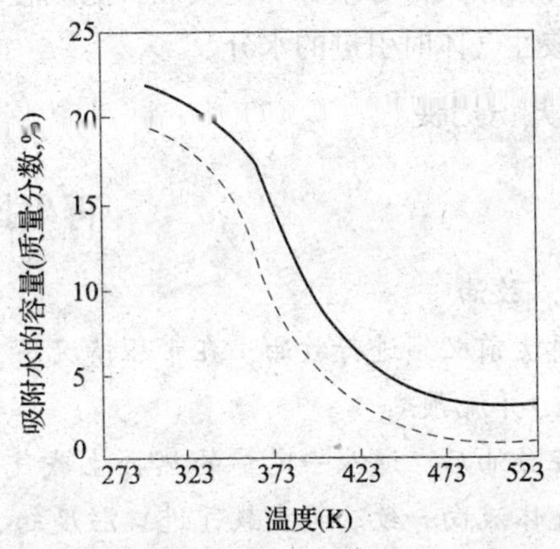

图 2—11　5A 型分子筛吸附水的容量与温度的关系
（虚线为吸附开始时有 2% 残余水的情况）

思考

分子筛脱水的原理是什么？

(3) 分子筛脱水及再生工艺流程

分子筛脱水及再生工艺流程图如图 2—12 所示。

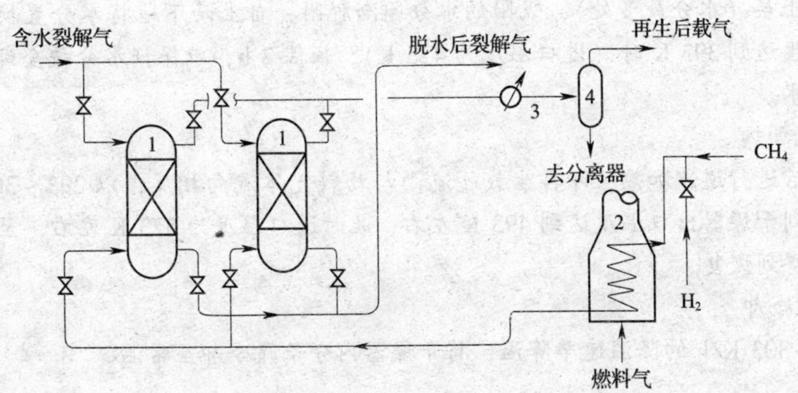

图 2—12　分子筛脱水及再生工艺流程图
1—干燥塔　2—加热炉　3—冷却器　4—分离器

在干燥塔1中填充3A型分子筛，一般设置三台，其中两台串联使用，一台备用。干燥时，裂解气被冷却到常温或更低温度，自上而下通过干燥器的分子筛层。操作中主要控制物料出口露点，保证物料达到干燥要求。当分子筛干燥效果降到一定程度时，即露点达不到213 K时，必须先将备用干燥器换上，然后对更换下的干燥器进行再生。

再生时，自下而上通入经加热后的 CH_4-H_2 馏分，开始应缓慢加热，以除去大部分水分和烃类，不致造成吸附在分子筛上的不饱和烃类在高温下聚合，然后逐渐升温到503～523 K以除去残余水分。再生完成后，再用冷 CH_4-H_2 馏分从上而下吹洗，使分子筛温度降到吸附温度（293～303 K）后，就可重新用于气体的干燥。

裂解气干燥是为深冷分离作准备的重要步骤，这一过程应放在压缩和脱酸性气体之后，这样可去除大部分水分和重质烃，能减轻干燥剂的负荷和避免重质烃污染干燥剂，也可除去在脱酸性气体时引进的水分。

知识拓展

再生操作主要步骤

1. 放油

再生前必须进行放油，在带压情况下，从干燥器底部排出重质烃。

2. 并流预热

在放油后，通入一定量的热再生载气 CH_4-H_2，对分子筛进行预热，再生载气流向与物料气体流向一致。再生载气进口温度约323 K，预热到干燥器出口温度达到293 K左右。

3. 干燥器的增湿

因为水分子是强极性分子，它比一些极性分子易被吸附，所以用水蒸气将部分吸附的烃类分子从分子筛中置换出来，这就是增湿的目的。操作时，在再生载气中配3%～4%（体积分数）的水蒸气，当干燥器出口温度达到333 K左右时，即可停止增湿。在操作中加入的水蒸气不宜过量，否则，会因分子筛突然吸水过多而放出大量的热，导致分子筛失效和破坏。

4. 并流加热

在停止增湿后，以293～303 K/h的升温速率对分子筛进行并流加热，热再生载气首先接触分子筛上层（水分最多处），吸附的水分逐渐脱附，自上而下地将水分置换出来，当干燥器出口温度达到393 K时（进口温度为423 K），恒温2 h，以保证水分被全部置换，排出大部分游离水。

5. 逆流加热

待恒温后进行逆流加热，即再生载气流向与物料气体流向相反，以293～303 K/h的升温速率加热到干燥器出口温度达到493 K左右，此时进口温度为523 K左右，至此，分子筛的活性基本得到恢复。

6. 逆流冷却

以293～303 K/h的降温速率降温，将干燥器内分子筛冷却至常温。

4. 脱炔

（1）来源及危害

裂解气中常含有微量的乙炔和少量的丙炔、丙二烯等（见表2—12），它们是在裂解过程中产生的。少量炔烃的存在，严重影响了乙烯和丙烯的质量和用途，恶化乙烯聚合物的性能，使合成或聚合催化剂中毒。乙烯作为合成原料时，若含少量的乙炔，就会影响合成催化剂的寿命。同时，乙炔的存在也会使乙烯聚合过程复杂化，影响聚合物的性能。在制高压聚乙烯时，由于乙炔的存在和积累使乙烯分压降低，故必须提高总压。当乙炔积累过多，乙炔分压过高时，还会引起爆炸。丙炔和丙二烯混入丙烯中，也会影响丙烯的合成反应、聚合反应的顺利进行，所以裂解气中含有的少量炔烃必须除去。

工业上脱炔主要采用催化加氢脱乙炔法，少数采用溶剂（丙酮、二甲基甲酰胺和N—甲基吡咯烷酮等）吸收法。本节重点讨论催化加氢脱乙炔法。

（2）催化加氢脱乙炔

生产规模较大、乙炔含量较少时，选择催化加氢脱乙炔法在操作和技术经济上都比较有利。采用乙炔选择性催化加氢生成乙烯，尽量避免乙炔和乙烯加氢生成乙烷，这样既可脱除乙炔，又能增加乙烯收率。

乙炔加氢的反应容易进行，几乎可以全部转化，要使乙炔选择性加氢，必须选择性能良好的催化剂。目前大多采用钴、镍、钯作乙炔加氢催化剂的活性组分，用铁和银作助催化剂，用分子筛或$\alpha-Al_2O_3$作载体。在这些催化剂上乙炔的吸附能力比乙烯强，所以能进行选择性加氢。

裂解气中还含有少量的一氧化碳，它是裂解过程中稀释水蒸气和结炭发生水煤汽化反应而生成的。故从裂解气中分离出的氢气中含有少量的一氧化碳，一般含量为0.4%～0.8%（体积分数）。若以这样的氢气为原料进行炔烃的催化加氢反应，则会因为一氧化碳的含量过高而使选择性加氢催化剂中毒。所以裂解气在分离前，必须把少量的一氧化碳除去。将一氧化碳脱除到含量小于$1\times10^{-3}\%$（体积分数）时，由于其在催化剂上的吸附能力比乙烯强，可以抑制乙烯在催化剂上的吸附，故微量一氧化碳又可进一步提高加氢反应的选择性。一氧化碳的脱除方法工业上称为甲烷化法，即一氧化碳加氢法。

$$CO+3H_2\xrightarrow[Ni/\alpha-Al_2O_3]{533\sim573\ K,\ 3.0\ MPa}CH_4+H_2O$$

催化加氢脱乙炔时可能发生的副反应有：

1）乙烯加氢生成乙烷。

2）乙炔聚合生成液体产物（绿油）。

3）乙炔分解生成碳和氢。

反应温度高时，有利于上述副反应的发生。H_2/C_2H_2摩尔比大，有利于乙烯生成乙烷的反应；H_2/C_2H_2摩尔比小时则有利于乙炔的聚合，有较多绿油生成。

（3）加氢脱乙炔流程

由于加氢脱乙炔过程在裂解气分离流程中所处的位置不同，可分为前加氢脱乙炔和后加氢脱乙炔两种。

在脱甲烷前进行选择催化加氢脱乙炔称为前加氢。前加氢的加氢气体可以是裂解气全馏分——H_2、C_1°、C_2、C_3馏分或H_2、C_1°、C_2馏分。加氢馏分中已含有氢气，不需外加氢气，故前加氢也叫做自给加氢。

在脱甲烷后进行选择催化加氢脱乙炔称为后加氢。后加氢是裂解气经脱甲烷和氢气之后，将C_2、C_3馏分用精馏塔分开，然后分别对C_2和C_3馏分进行选择催化加氢脱乙炔。被加氢的气体中已不含氢气组分，需外部加入氢气。后加氢工艺几乎都采用钯催化剂。

从能量的利用和流程的繁简来看，前加氢流程更有利。因加氢时所需氢气可自给，但由于氢气过量，氢气的分压高，会降低加氢选择性，增大乙烯损失，故需选用活性高和选择性高的催化剂。前加氢并不能完全除去裂解气中所含的丙炔和丙二烯。后加氢的氢气按需加入，馏分的组分简单，杂质少，加氢选择性高，乙烯几乎没有损失，同时催化剂使用寿命长，产品纯度也高，但能量利用和流程布局都不及前加氢法。前加氢和后加氢的优缺点比较见表 2—16。目前国内外乙炔加氢采用后加氢工艺的较多。

表 2—16　　前加氢和后加氢的优缺点比较

加氢方法	前加氢	后加氢
优点	（1）氢气自给 （2）流程简单 （3）能量消耗少 （4）开车较快	（1）反应器体积小 （2）氢气按需加入，选择性高，乙烯几乎无损失 （3）原料气中杂质少，催化剂使用周期长 （4）产品纯度高
缺点	（1）对催化剂选择性要求高，否则乙烯损失较大 （2）反应器体积大，催化剂用量多 （3）不能完全除去丙炔、丙二烯	（1）氢气需要外给 （2）流程复杂 （3）冷冻量利用不合理

图 2—13 是 C_2 馏分后加氢脱乙炔流程，脱乙烷塔塔顶产品乙炔、乙烯、乙烷馏分和预热至一定温度的氢气相混合（氢气中含微量一氧化碳），进入一段加氢绝热式反应器，进行加氢反应。由一段出来的气体再配入补充氢气，经过调节温度后，进入二段加氢反应器，再进行加氢反应。反应后的气体经过换热降温到 267 K 左右，送去绿油洗涤塔，用乙烯侧线馏分洗涤气体中含有的绿油。脱掉绿油的气体干燥后进入乙烯精馏系统。

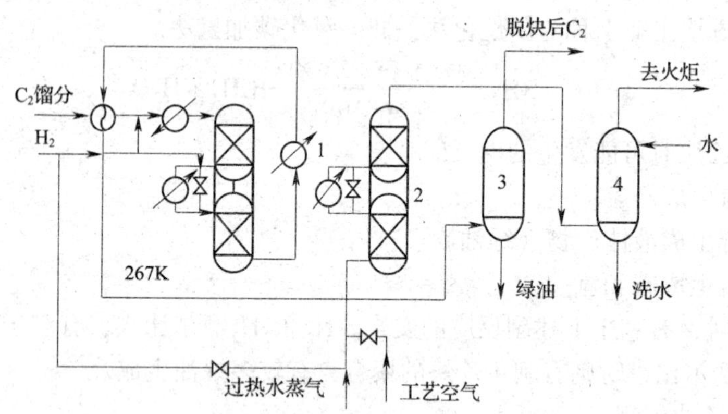

图 2—13　C_2 馏分后加氢脱乙炔流程

1—加氢反应器　2—再生反应器　3—绿油吸收塔　4—再生气洗涤塔

在乙炔的加氢过程中，伴随着乙炔聚合反应和生碳反应发生，生成的聚合物和碳沉积在催化剂的表面上，降低了催化剂的活性，因此反应器要定期再生。

C_3 馏分中的丙炔和丙二烯，也可采用加氢方法脱除，一般采用液相加氢法。C_3 馏分液相加氢流程也分为两段加氢，一段是主反应器，使丙炔和丙二烯的含量由 2% 左右降至 0.2%（体积分数）左右；二段是副反应器，使余下的丙炔和丙二烯再加氢脱除到 1×10^{-4}%（体积分数）以下。

思考

在图 2—13 中，为什么要把加氢反应分两段进行？

三、制冷

在深冷分离中需要进行制冷，目的是要把裂解气温度降到 173 K 以下，将除了氢和甲烷以外的其他烃类全部冷凝下来，同时要为脱甲烷塔提供 137 ~ 173 K 的低温冷剂，同时还要为其他精馏分离塔提供不同温度级位的冷冻剂。

获得冷冻量的过程称为制冷。深冷分离中常用的制冷方法主要有两种：冷冻循环制冷和节流膨胀制冷。

1. 冷冻循环制冷

将物料冷却到低于环境温度的冷却过程称为冷冻。冷冻循环制冷的原理是将低温低压的制冷剂气体进行压缩，用提高压力的办法提高制冷剂的冷凝温度，使制冷剂在较高的压力和温度下冷凝，它所放出的液化潜热传给高温物质，而冷凝后的液态制冷剂经节流膨胀，产生低温低压的饱和液体；然后将低温低压的饱和液体汽化，从被冷却的低温物质中吸收汽化潜热，产生制冷效果，实现热量由低温物质向高温物质传递的目的。

知识拓展

氨蒸气压缩制冷

液体的汽化温度（即沸点）是随压力的变化而改变的，压力越低，相应的汽化温度也越低，如氨的沸点（冷凝点）与压力的关系见表 2—17。利用氨的这个性质，就构成了氨蒸气压缩制冷系统。

表 2—17　　氨的沸点（冷凝点）与压力的关系

压力（$\times 10^5$Pa）	20.3	15.5	11.7	8.6	6.2	4.3	2.9	1.9	1.2	0.98	0.72	0.41	0.22	0.11
沸点（K）	323	313	303	293	283	273	263	253	243	239.6	233	223	213	203

氨蒸气压缩制冷系统可由四个基本过程组成，如图 2—14 所示。

一、蒸发

在低压下液氨的沸点很低，如压力为 0.12 MPa 时，沸点为 243 K。液氨在此条件下，在蒸发器中沸腾蒸发变成氨蒸气，则必须从通入液氨蒸发器的被冷物料（或载冷体）中吸取热量，产生制冷效果，使被冷物料（或载冷体）冷却到接近 243 K。

二、压缩

蒸发器中所得的是低温、低压的氨蒸气。为了使其液化，要通过氨压缩机压缩，使氨蒸气压力升高。

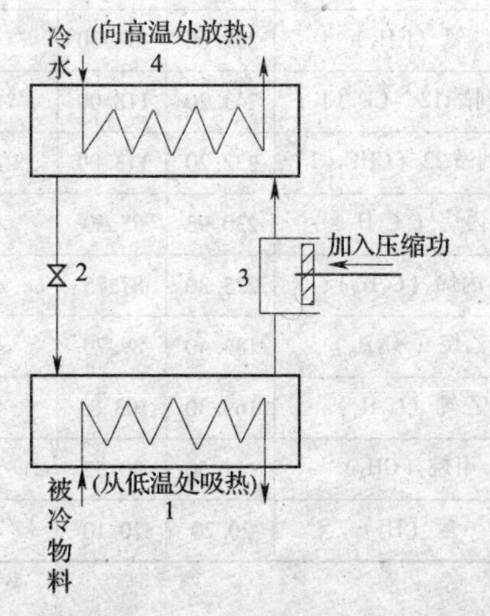

图 2—14　氨蒸气压缩制冷系统示意图

1—换热器 1　2—膨胀阀　3—压缩机　4—换热器 2

三、冷凝

由表2—17可见，高压下氨蒸气的冷凝点是比较高的。例如把氨蒸气加压到1.55 MPa时，其冷凝点是313 K，此时，氨蒸气在冷凝器中变为液氨，可由普通冷水将放出的热量带走。

四、节流

若使液氨在1.55 MPa压力下汽化，由于沸点为313 K，不能得到低温，所以必须把高压下的液氨通过膨胀阀降压至0.12 MPa，若在此压力下汽化，温度可降到243 K。由于此过程进行得很快，汽化热量来不及从周围环境吸取，全部取自液氨本身。节流后形成的低压、低温的气液混合物进入蒸发器。液氨又重新开始下一次低温蒸发吸热，反复进行，形成一个闭合循环操作过程。

氨通过上述四个基本过程构成了一个循环，称之为冷冻循环。这一循环必须由外界向循环系统输入压缩功才能进行，因此，消耗了机械能，换得了冷量。

氨是上述冷冻循环中完成转移热量的一种工作介质，工业上称为冷冻剂，也称工质。生产上可根据需要控制液氨蒸发压力，定出几个不同的冷冻级，分别用于不同的场合。

制冷温度不仅取决于不同的压力，还受冷冻剂的物理、化学性质影响，所以选择适当的冷冻剂非常重要。

工业上常用的冷冻剂有氨、氟利昂、丙烯、丙烷、乙烯、乙烷和甲烷。在石油化工深冷分离中使用最广泛的是氨、乙烯、丙烯等，由于乙烯、丙烯是深冷分离的产物，用它们作冷冻剂可以就地取材。常用冷冻剂的性质见表2—18。

表2—18　　常用冷冻剂的性质

冷冻剂	沸点（K）	凝固点（K）	蒸发潜热（kJ/kg）	临界温度（K）	临界压力（$\times10^5$ Pa）	与空气的爆炸范围（体积分数）（%）	
						下限	上限
氨（NH_3）	239.60	193.30	1 373.31	405.40	112.95	15.50	27.00
氟利昂12（CF_2Cl_2）	243.20	118.00	167.44	384.50	41.39	不形成	不形成
氟利昂22（CHF_2Cl）	232.20	113.00	164.97	369.00	50.95	不形成	不形成
丙烷（C_3H_8）	230.93	85.30	426.24	369.81	42.56	2.10	9.50
丙烯（C_3H_6）	225.30	87.75	437.96	364.89	45.99	2.00	11.10
乙烷（C_2H_6）	184.40	89.70	489.88	305.27	48.82	3.22	12.45
乙烯（C_2H_4）	169.30	103.85	482.76	282.50	51.15	3.05	28.60
甲烷（CH_4）	111.50	90.52	510.40	190.50	46.40	5.00	15.00
氢（H_2）	20.20	20.10	454.29	33.10	12.96	4.10	74.20

工业生产中为安全起见，使冷冻剂在正压下操作，避免制冷系统中漏入空气而引起爆炸，这样各种冷冻剂的沸点就决定了它的最低蒸发温度，即冷冻剂本身的物理、化学性质决定了制

冷温度的范围。要获得低温就必须采用沸点低的制冷剂，如液氨节流降压到0.098 MPa时进行蒸发，其蒸发温度为239.6 K。因此，用氨作冷冻剂不能获得173 K的低温，所以要获得173 K的低温，可用沸点更低的乙烯气体作冷冻剂。

制冷时，制冷温度越低，能量消耗越大，所以工程上常把冷冻剂划分成不同级位，在满足工艺要求的前提下，尽量用较高温度级位的冷冻剂，以节省能量消耗。

在化工生产中，冷冻循环所得的低温冷冻剂有时并不直接用于冷却被冷物料，而是借助于一种载冷体把冷冻剂的冷冻量传递给被冷物体。载冷体一般都是某种盐的水溶液，氯化钙和氯化钠的水溶液应用比较广泛，应用时的最低温度分别为228 K和257 K。

2. 节流膨胀制冷

节流膨胀制冷是指气体由较高的压力通过一个节流阀迅速膨胀到较低的压力，由于过程进行得非常快，来不及与外界发生热交换，膨胀所需的热量由自身供给，而引起自身温度降低。这一过程可近似地看作绝热过程，节流膨胀所产生的温度变化称为节流效应。

常见气体如甲烷、乙烷等，在常温或低温、中等压力下节流，均可降温。氢气只有在193 K以下节流才能降温，在193 K以上时节流反而升温，这个温度叫倒转温度。每一种气体都有一个特定的倒转温度。节流前温度越低，压力越高，节流效果越好。液体在节流膨胀时，只有发生汽化才能产生制冷效应。

在深冷分离过程中，用174 K的甲烷或氢气在压力3.10 MPa时节流膨胀，压力降至0.63 MPa时会产生131～133 K的低温，主要用在脱甲烷塔操作中。

四、深冷分离

1. 深冷分离的任务

裂解气经压缩、净化和制冷，为深冷分离创造了条件——高压低温。分离过程是根据裂解气中各种低级烃在精馏塔中相对挥发度的不同，而达到分离的目的。这些精馏塔主要是脱甲烷塔、脱乙烷塔、脱丙烷塔、乙烯精馏塔和丙烯精馏塔，它们的任务如下：

（1）脱甲烷塔

将甲烷、氢与C_2及比C_2更重的组分进行分离的塔，称为脱甲烷塔，简称脱甲塔。

（2）脱乙烷塔

将C_2及比C_2更轻的组分与C_3及比C_3更重的组分进行分离的塔，称为脱乙烷塔，简称脱乙塔。

（3）脱丙烷塔

将C_3及比C_3更轻的组分与C_4及比C_4更重的组分进行分离的塔，称为脱丙烷塔，简称脱丙塔。

同理，还有脱丁塔。

（4）乙烯精馏塔

将乙烯与乙烷进行分离的塔，称为乙烯精馏塔，简称乙烯塔。

（5）丙烯精馏塔

将丙烯与丙烷进行分离的塔，称为丙烯精馏塔，简称丙烯塔。

各塔组分对的相对挥发度和分离难度见表2—19。

表 2—19　　各塔组分对的相对挥发度和分离难度

塔名	组分对		操作条件			平均相对挥发度 α	α 值接近于 1 的程度	分离难度
	轻	重	顶温（K）	底温（K）	压力（$\times 10^5$ Pa）			
丙烯塔	$C_3^=$	C_3	299	308	12.1	1.10	接近	较难
乙烯塔	$C_2^=$	C_2	204	224	5.6	1.74	稍近	稍难
脱丙塔	C_3	异 C_4	277	343	7.4	2.76	中等	中等
脱乙塔	C_2	$C_3^=$	261	349	28.3	2.82	稍远	稍易
脱甲塔	C_1	$C_2^=$	177	273	33.3	5.50	较远	较易

2. 脱甲烷塔及其操作条件

在深冷分离过程中，脱甲烷过程是裂解气分离的关键。因为脱甲烷塔温度最低，冷冻量消耗最多，工艺过程复杂，所以脱甲烷塔的操作效果对产品收率、纯度以及经济性的影响最大。脱甲烷塔的任务就是将裂解气中的轻组分甲烷、氢气、其他惰性气体与 C_2 及其他组分进行分离。甲烷与乙烯是脱甲烷塔的关键组分，根据甲烷对乙烯的相对挥发度来看它们是比较容易分离的，但由于含有大量的氢气，必须使塔顶温度低于 173 K，才能保证脱甲烷塔塔顶尾气中乙烯含量尽可能降低，以减少乙烯损失，提高其收率。同时要求塔釜中甲烷含量也尽量少，以提高乙烯产品纯度。在操作中影响尾气中乙烯含量的因素很多，降低尾气中乙烯含量、提高其收率是问题的关键。

（1）影响乙烯收率的因素

在分离操作过程中，乙烯的物料平衡示意图如图 2—15 所示。

从图中可看到，乙烯收率为 97% 时，有以下四处损失：

1）脱甲烷塔冷箱尾气带出乙烯，占乙烯总量的 2.25%。

2）乙烯塔釜中留有乙烯，占乙烯总量的 0.40%。

3）脱乙烷塔釜液中带出乙烯，占乙烯总量的 0.284%。

4）压缩工序冷凝液带出乙烯，占乙烯总量的 0.066%。

在正常操作中，1）项的损失最大，2）、3）、4）项是很难避免的，但损失量较小。影响脱甲烷塔尾气中乙烯损失的主要因素是原料气中甲烷与氢气的摩尔比，以及脱甲烷塔的温度和压力等，即在一定条件下，原料气中甲烷与氢的摩尔比越大，操作压力越高，塔顶温度越低，尾气中乙烯的含量越少。

（2）利用冷箱提高乙烯收率

由图 2—15 可以看出，脱甲烷塔塔顶出来的气体中除了甲烷、氢气之外还含有乙烯，为了减少乙烯损失，除了改变甲烷塔的操作条件，还可用冷箱来回收尾气中的乙烯。

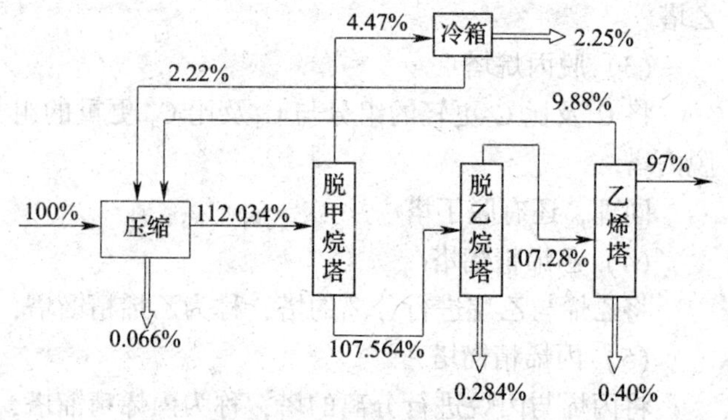

图 2—15　乙烯的物料平衡示意图

在脱甲烷塔系统中为了防止低温设备散冷，减少其与环境接触的表面积，常把节流膨胀阀、高效板式换热器、气液分离器等低温设备（温度在

113 ~ 173 K）封闭在一个用绝热材料做成的箱子中，此箱称为冷箱。它的工作原理是用节流膨胀来获得低温，它的用途除了依靠低温回收乙烯之外，还可制取富氢和富甲烷馏分。按冷箱在流程中所处的位置，可分为前冷（又称为前脱氢）和后冷（又称为后脱氢）两种。冷箱在脱甲烷塔之前的称为前冷流程，冷箱在脱甲烷塔之后的称为后冷流程。目前国内乙烯生产装置中采用前冷流程较多。

在前冷流程中采用冷箱将裂解气中大部分氢气先分离出，提高了进入脱甲烷塔气体中甲烷与氢气的摩尔比。甲烷与氢气的摩尔比越大，乙烯收率越高。

(3) 脱甲烷的操作压力及其他工艺条件

根据脱甲烷的操作压力不同，工业上脱甲烷方法有高压法与低压法两种。低压法分离效果好，乙烯收率高，操作压力为 0.608 MPa，脱甲烷顶温在 133 K 左右。低压法的流程比较复杂，且必须采用以甲烷为冷冻剂的制冷系统，并需要能耐更低温度的合金钢材。低压法虽要用低温冷冻剂，但因易分离，回流比较小，折算到每吨乙烯的能量消耗，低压法仅为高压法的 70% 多一些。

高压法是采用乙烯为冷冻剂，塔顶温度控制在 173 K 以下，为达到甲烷与 C_2 及 C_2 以上的组分分离，压力控制在 2.94 ~ 3.43 MPa，若压力再提高，不仅甲烷与乙烯分离困难，且塔釜温度升高，容易引起烯烃聚合。从投资和材质要求来看，高压法是有利的。

从上述两种方法比较来看，各有优缺点，国内乙烯生产装置两种方法都有采用。表 2—20 列出了两种方法下脱甲烷塔的主要工艺参数。

表 2—20　　脱甲烷塔的主要工艺参数

生产方法	塔顶压力（MPa）	回流比	温度（K）		尾气中乙烯含量（%）（体积分数）	塔釜甲烷含量（%）（体积分数）
			塔顶	塔釜		
高压法	3.11	0.87	177	280	0.162	0.08
低压法	0.6	0.1	138.4	220.3	0.12	0.06

3. 乙烯塔和丙烯塔

乙烯塔是将乙烯与乙烷进行分离的塔，塔顶得到聚合级乙烯，塔底回收乙烷。乙烯塔的冷冻量消耗仅次于脱甲烷塔，占总制冷量的 36% ~44%。乙烯塔由于分离同碳原子数的乙烯与乙烷，乙烯与乙烷的相对挥发度小，分离较为困难，回流比和塔釜蒸发比都较大，相对理论塔板数较多。乙烯塔塔顶产品纯度高、收率高，它是深冷分离装置中一个比较关键的塔。

乙烯塔的进料中常含有少量甲烷，如不分离出来将会影响乙烯产品的纯度。乙烯塔采用塔顶脱甲烷、精馏段侧线出产品乙烯的精馏方案，简化了流程，节省了能量。

丙烯塔是将丙烯与丙烷进行分离的塔，塔顶得产品丙烯，塔底得丙烷馏分。丙烯与丙烷的相对挥发度接近于 1，因此丙烯与丙烷的分离最困难，是深冷分离中塔板数最多、回流比最大的塔，也是运转费用和投资费用较多的一个塔。

乙烯塔和丙烯塔的操作分为高压法和低压法。压力在 1.7 MPa 以上的称为高压法，压力在 1.2 MPa 以下的称为低压法。表 2—21 是乙烯塔和丙烯塔的主要工艺参数。

表 2—21　　乙烯塔和丙烯塔的主要工艺参数

塔名	塔板数（块）	塔压（MPa）	温度（K）		回流比	乙烯（丙烯）含量（%）（体积分数）	
			塔顶	塔釜		塔顶	塔釜
乙烯塔	119	1.98	241	259	3.73	99.95	1
	125	1.94	242.5	265.6	5.0	99.95	1.5
	70	0.52	204	224	2.4	99.95	0.05
丙烯塔	165	1.80	314	323	14.5	99.6	15.78
	120	1.13	297.6	307.2	11.8	99.6	12

4. 深冷分离中的节能措施

在深冷分离中，因为裂解气既要加压到 3.04～4.05 MPa，又要降温到 173 K 左右，所以耗电尤为显著，制冷的耗电量占总用电量的 50%～60%。为此，采用多种措施来节约能量消耗对降低成本有重要意义。一般采取的节能措施有以下几种：

（1）逐级分凝多股进料

在深冷分离过程中，脱甲塔是一个压力最高、温度最低的精馏塔，原料进塔时需要降温到 208 K 左右，在降温过程中，采用不同的冷冻剂进行冷凝。首先用高温级的冷冻剂，将易冷的重组分先冷凝下来，然后用低温级的冷冻剂将余下不易冷的轻组分依次冷凝下来，这样要比直接用一个低温级的冷冻剂来冷凝这些组分所耗的能量少得多。由此可见，对相同冷冻量采用一次冷凝和逐级分凝的工艺所用的能量消耗差异是很大的，逐级分凝可以节省低温制冷剂，降低能量的消耗。

逐级分凝不仅可减少低温冷冻剂用量，降低能耗，而且可对裂解气在塔外进行初步的预分离。不同的组分进入脱甲塔的不同部位，且每股物料的温度依次降低，与脱甲塔板自下而上温度逐渐降低是相对应的，也与塔内轻组分含量自下而上逐渐增多是相适应的，从而减轻了脱甲烷塔的分离负荷。

（2）尾气膨胀补充制冷

尾气膨胀补充制冷是深冷分离中节约能量的一项非常有效的工艺措施，在脱甲塔前冷、后冷流程中均广泛采用。

（3）采用中间冷凝器和中间再沸器

如图 2—16a 所示为一般精馏过程的典型流程，塔底用再沸器加热，塔顶用冷凝器冷却。加热和冷凝在塔的两端，塔中物料的温度是由下向上越来越低。当塔的两端温差较大时（塔顶温度低于环境温度，塔釜温度高于环境温度），可采用图 2—16b 所示的流程，在塔的中部增加中间冷凝器（在精馏段）和中间再沸器（在提馏段）。这样，可以降低塔顶和塔底的冷负荷与热负荷，达到节能的目的。

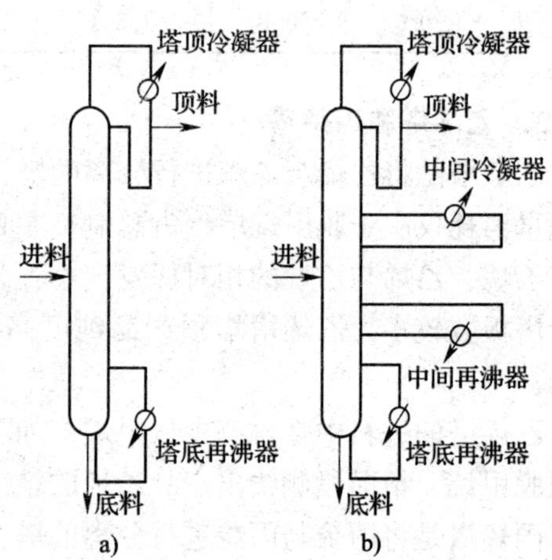

图 2—16　中间冷凝器和中间再沸器
a）一般精馏过程的典型流程
b）精馏塔两端温差较大时的流程

中间冷凝器可用冷冻温度比塔顶回流冷凝

器稍高的冷冻剂作为冷源，一般使用其他塔分出的不同温度的液体在此蒸发作为冷冻剂，这就代替了一部分塔顶原来采用低温冷冻剂提供的冷冻量，从而减少了能量的消耗。中间再沸器可用温度低于塔底再沸器的热剂作为热源，一般用其他塔分出的不同温度的蒸汽在此被冷凝而作为热剂。

思考

在图 2—17 和图 2—18 中，指出哪些地方采取了节能措施？分别是什么措施？

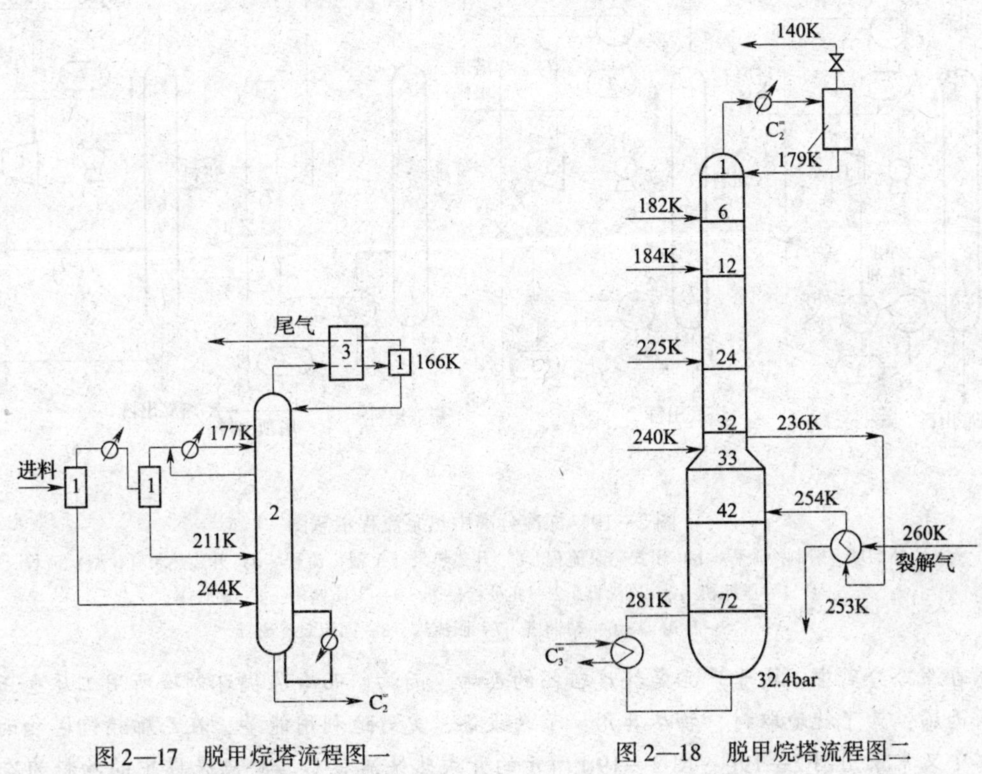

图 2—17　脱甲烷塔流程图一

1—气液分离器　2—脱甲烷塔　3—换热器

图 2—18　脱甲烷塔流程图二

知识拓展

热　泵

热泵流程是深冷分离中常用的一种节能工艺措施。热泵这一工艺过程是既对精馏塔塔顶供冷，又向塔底供热的制冷循环。

在精馏过程中，塔顶温度低，塔釜温度高，按常规用外来冷冻剂向塔顶供冷而移去热量，用外来热剂加热塔釜而供给热量。而在深冷分离中，常用热泵把塔顶移去的热量用以加热塔釜液。

图 2—19a 为精馏塔一般制冷流程。塔顶由循环的冷冻剂供给冷冻量，塔底由热剂供给热量。从冷冻循环讨论可知，工质压缩后在工质冷凝器 2′中放热而本身发生冷凝，如果把放出的热量随同工质一起移去，则可作为再沸器热剂去加热塔釜液，工质冷凝器 2′与塔底再沸器 2 就合为一个设备，即成为图 2—19b 所示的闭式热泵流程。在这个流程中，精馏塔

6 塔底再沸器用压缩后的工质进行加热，塔顶由节流后工质供冷，精馏塔的塔底再沸器和塔顶冷凝器成了冷冻循环中的工质冷凝器，使冷凝循环中工质在放热与吸热过程中所放出的热量和冷冻量都充分利用了。由于冷冻循环的工质与塔顶内物料自成系统，没有物料上的接触与沟通，故称之为闭式热泵流程。

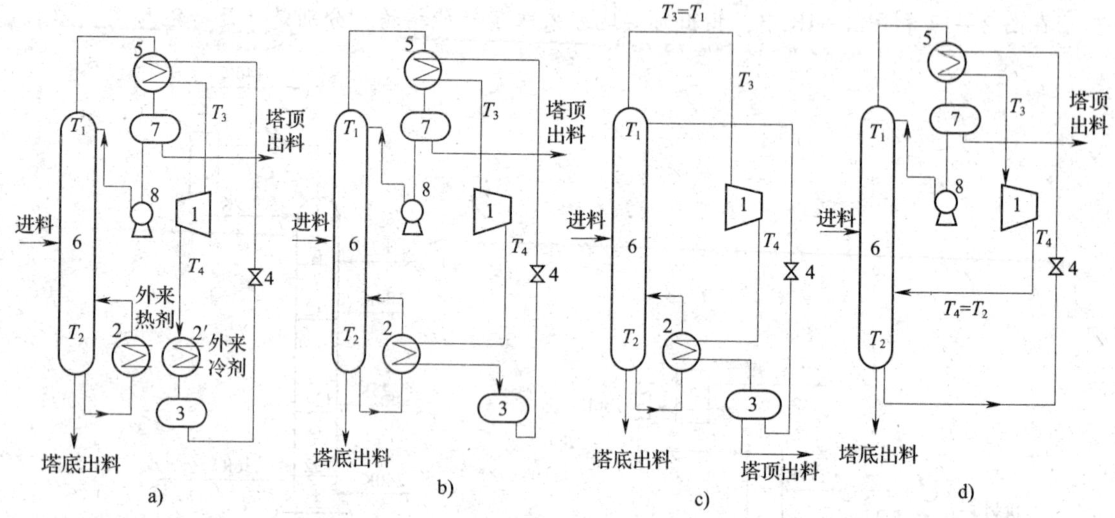

图 2—19　深冷分离中热泵流程示意图

a）精馏塔一般制冷流程　b）闭式热泵流程　c）开式热泵（A 型）流程　d）开式热泵（B 型）流程

1—压缩机　2—再沸器　2′—工质冷凝器　3—工质储槽　4—膨胀阀

5—冷凝器　6—精馏塔　7—回流罐　8—回流泵冷凝器

在深冷分离中，由于产品是纯度较高的乙烯、丙烯，而冷冻循环制冷所用工质也正是乙烯、丙烯，为了就地取材，物尽其用，节约设备，更好地利用能量，在乙烯精馏塔和丙烯精馏塔中又常采用图 2—19c、图 2—19d 所示的开式热泵流程，其特点是塔中的物料为冷冻循环中的工质。

图 2—19c 为开式热泵（A 型）流程，直接以塔顶低温气体物料作工质，经压缩提高温度后，送到塔底再沸器 2 换热，工质放出热量后冷凝成液体，一部分液体经节流膨胀降温后作为塔顶回流，另一部分作为出料。与图 2—19b 所示的闭式热泵流程相比，省去了精馏塔塔顶冷凝器。

图 2—19d 为开式热泵（B 型）流程，塔底物料先经节流膨胀降温，作为塔顶冷凝器的冷冻剂，吸取热量后又汽化，然后压缩返回到塔底。与图 2—19b 所示的闭式热泵流程相比，省去了塔底再沸器。

在深冷分离中，A 型开式热泵比较常用。原因是能省去昂贵的低温换热器、回流罐和回流泵等设备，而且也达到了节能的效果。

5. 深冷分离流程

深冷分离流程是比较复杂的，设备较多，水、电、汽的消耗量也比较大。一个生产流程的确定要考虑基建投资、能量消耗、运转周期、生产能力、产品成本以及安全生产等方面。在实际生产中，各精馏塔在深冷分离中所处的位置取决于本地区、本企业的要求。

深冷分离流程主要有三种代表性流程，即顺序深冷分离流程、前脱乙烷深冷分离流程和前脱丙烷深冷分离流程。

顺序深冷分离流程是裂解气经过压缩、净化后，各组分按碳原子数的顺序从低到高依次分离。该流程技术成熟，运转周期长，稳定性好，对不同组分的裂解气适应性强，目前国内外乙烯装置广泛采用顺序深冷分离流程，下面做重点介绍。

(1) 顺序深冷分离流程

如图 2—20 所示，裂解气经过离心式压缩机Ⅰ、Ⅱ、Ⅲ段压缩，压力达到 1.0 MPa，送入碱洗塔，除去 CO_2、H_2S 等酸性气体。碱洗后裂解气经过压缩机Ⅳ、Ⅴ段压缩，压力达到 3.7 MPa，经冷却至 288 K，去干燥器用 3 A 分子筛脱水，使裂解气的露点温度达到 203 K。

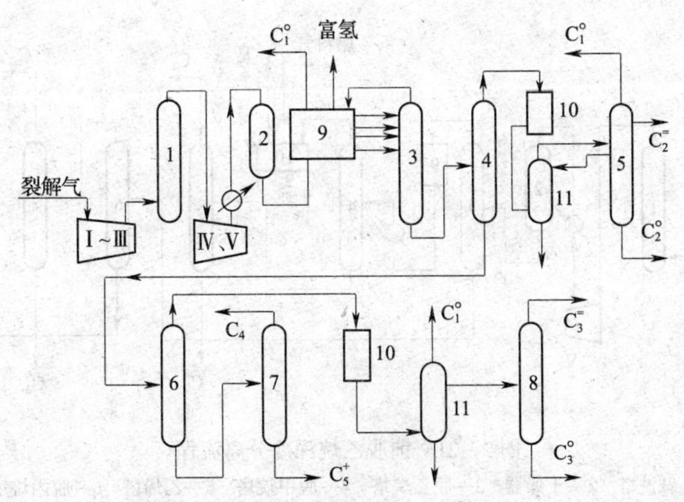

图 2—20　顺序深冷分离流程

1—碱洗塔　2—干燥器　3—脱甲烷塔　4—脱乙烷塔　5—乙烯塔　6—脱丙烷塔　7—脱丁烷塔　8—丙烯塔　9—冷箱　10—加氢脱炔反应器　11—绿油塔

干燥后的裂解气经过一系列冷却冷凝，在冷箱中分离出富氢和四股馏分，富氢作为甲烷化反应加氢用氢气；四股馏分进入脱甲烷塔的不同塔板，轻馏分温度低进入上层塔板，重馏分温度高进入下层塔板。脱甲烷塔塔顶脱去甲烷馏分，塔釜液是 C_2 及 C_2 以上馏分。进入脱乙烷塔，塔顶分出 C_2 馏分，塔釜液为 C_3 及 C_3 以上馏分。

由脱乙烷塔塔顶分离出的 C_2 馏分经过换热升温，进行气相加氢脱乙炔，在绿油塔用乙烯塔分离出的侧线馏分洗去绿油，再经过 3A 分子筛干燥，然后送去乙烯塔。在乙烯塔的上部第八块塔板侧线引出纯度为 99.9% 的乙烯产品，塔釜液为乙烷馏分，送回裂解炉作裂解原料，塔顶脱除甲烷和氢气（加氢脱乙炔时带入）。可在乙烯塔前设置第二脱甲烷塔，脱除甲烷和氢气后再进入乙烯塔分离。

脱乙烷塔釜液进入脱丙烷塔，塔顶分出 C_3 馏分，塔釜液为 C_4 及 C_4 以上馏分，含有二烯烃，易聚合结焦，故塔釜温度不宜超过 373 K，并需加入阻聚剂。为了防止结焦堵塞，此塔一般有两个再沸器，轮换使用。

由脱丙烷塔蒸出的 C_3 馏分经加氢脱丙炔和丙二烯，然后在绿油塔脱去绿油和加氢时带入的甲烷、氢，再进入丙烯塔进行精馏，塔顶蒸出纯度为 99.9% 的丙烯产品，塔釜液为丙烷馏分。

脱丙烷塔的釜液在脱丁烷塔分离成 C_4 馏分和 C_5 及 C_5 以上馏分，它们分别送往下步工序，以便进一步分离与利用。

各塔操作条件以及分离难易可由各塔的相对挥发度看出（见表 2—19），丙烯与丙烷的相对挥发度很小，难于分离；乙烯与乙烷的相对挥发度也较小，所以也比较难分离；其他塔的关键组分对的相对挥发度较大，分离较容易。

（2）前脱乙烷深冷分离流程

如图 2—21 所示，前脱乙烷深冷分离流程是以脱乙烷塔为界线，将流程分为两部分：一部分是轻馏分，即甲烷、氢、乙烷和乙烯等组分；另一部分是重馏分，即丙烯、丙烷、丁烯、丁烷以及 C_5 以上的烃类。然后再将这两部分各自进行分离，分别获得所需的烃类。炔烃常采用前加氢法除去。

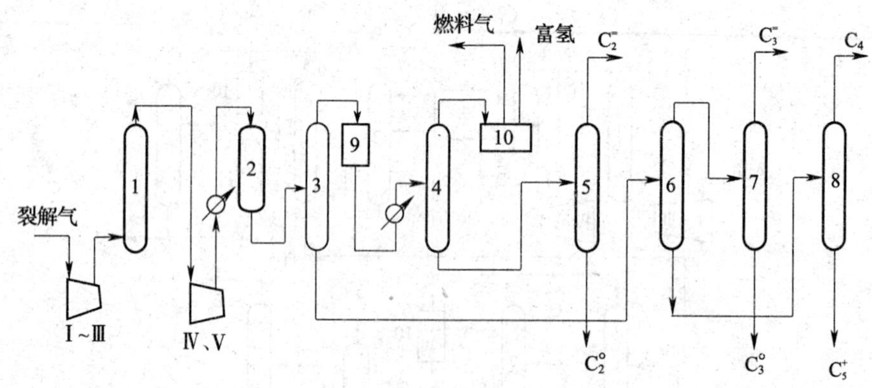

图 2—21　前脱乙烷深冷分离流程

1—碱洗塔　2—干燥器　3—脱乙烷塔　4—脱甲烷塔　5—乙烯塔　6—脱丙烷塔　7—丙烯塔　8—脱丁烷塔　9—加氢脱炔反应器　10—冷箱

（3）前脱丙烷深冷分离流程

如图 2—22 所示，前脱丙烷深冷分离流程是以脱丙烷塔为界线，将流程分为两部分：一部分为丙烷及比丙烷更轻的组分，另一部分为 C_4 及比 C_4 更重的组分。然后再将这两部分各自进行分离，获得所需产品。

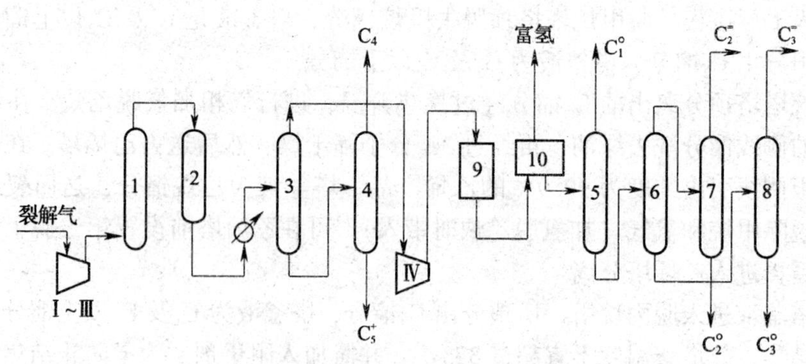

图 2—22　前脱丙烷深冷分离流程

1—碱洗塔　2—干燥器　3—脱丙烷塔　4—脱丁烷塔　5—脱甲烷塔　6—脱乙烷塔　7—乙烯塔　8—丙烯塔　9—加氢脱炔反应器　10—冷箱

（4）三种分离流程的异同点

1）都采取了先易后难的分离顺序。先将不同碳原子数的烃分离开，再分离同一碳原子数的烯烃和烷烃。因为不同碳原子数的烃的沸点差异较大，而同一碳原子数的烯烃和烷烃的沸点差异较小，所以，不同碳原子数的烃容易分离，而相同碳原子数的烯烃和烷烃分离较难。

2）出产品的乙烯塔与丙烯塔置于流程最后。成品塔为并联安排，都为二元组分的精馏塔。这样物料比较单纯，容易保证产品纯度。并联安排有利于稳定操作，提高产品质量。

3）各精馏塔的排列顺序不同。顺序深冷分离流程的精馏塔是按组分碳原子数顺序排列的，其顺序为脱甲烷塔、脱乙烷塔、脱丙烷塔，简称为“123”顺序排列；前脱乙烷深冷分离流程的精馏塔排列顺序为“213”；前脱丙烷深冷分离流程的精馏塔排列顺序为“312”。

4）加氢脱炔的位置不同。图2—21所示为前脱乙烷前加氢分离流程。前加氢的原料中含有氢气，无须外加，使流程简化，但加氢的氢气用量不易控制，加氢气体组分复杂；后加氢所用氢气是外加的，所以流程复杂，但对催化加氢脱炔是有利的。

5）冷箱的位置不同。上述三种流程的冷箱位置都可以置于脱甲烷塔之前，也可以置于脱甲烷塔之后。

五、裂解气净化与分离操作中的不正常现象及产生原因

裂解气净化与分离操作中的不正常现象及产生原因见表2—22。

表2—22　裂解气净化与分离操作中的不正常现象及产生原因

序号	生产工序	不正常现象	产生原因
1	碱洗法脱硫	（1）碱洗塔 H_2S 分析不合格 （2）碱洗塔 CO_2 分析不合格	（1）碱洗液浓度过低，碱洗液循环量过小，泵停车 （2）碱洗液浓度过高
2	脱水	干燥后含水量不合格	干燥剂再生不好，使用周期过长，物料含水量过高，干燥剂结炭，装填量不够或干燥剂质量不合格
3	脱炔及脱CO（指加氢和甲烷催化脱CO）	（1）加氢反应器反应温度过高 （2）加氢反应器温差低 （3）甲烷化反应器反应温度过低	（1）H_2 加入量或 H_2/C_2 过高，进口温度过高，催化剂活性高而选择性低，导致乙烯深度加氢 （2）H_2/C_2 过小，催化剂中毒 （3）预热温度不高，H_2 流量过低或过高，催化剂粉碎或局部失活
4	制冷（离心式制冷机）	（1）制冷机喘振 （2）冷冻剂用后温度高	（1）流量低于波动点，吸入的物料温度过高，冷冻剂中含有的不凝气过高，冷却水或冷冻剂（丙烯）实际无流量 （2）冷冻剂蒸发压力高，冷冻剂量少、重组分含量高
5	深冷分离（脱甲塔、乙烯塔）	（1）塔中发生液泛 （2）冻塔（塔内结冰）	（1）加热太激烈，釜温过高，负荷过大 （2）物料干燥不好，水分积累过多

第六节　烃类裂解的安全生产管理

学习目标

通过学习本节，学习者应能达到下列目标：

熟记烃类裂解的安全生产管理措施。

在烃类裂解生产乙烯、丙烯的过程中，从原料到产品存在着大量高挥发性、易燃易爆物质，应对所有的设备和装置制定切实可行的安全操作规程，采取有效的安全预防措施；对操作人员应进行安全培训，要求他们掌握安全操作规程，让每个人都认识到操作不细心引起的危害和可能由此带来的危险后果；要减少频繁操作安全装置的次数，对安全设施每年至少检测一次。

一、开启管路和设备

在打开管线或设备检修之前，先用蒸汽直接在外部或内部（通常用蒸汽管，并接地）加热，除掉留在管路中的少量挥发性液体，此时蒸汽流速应最小，避免产生静电火花；使用防静电、防火工具，并通风。

当要打开塔或罐之类的大容器时，应采用以下保护措施：

1．排放所有的液体，系统用蒸汽吹扫和（或）用水充满，直到没有烃类气体及其他有毒性、易燃性的物质为止。

2．在所有通向和来自设备的管线上加盲板，隔断所有烃燃料气、氢气和空气等的来源。在人员进入设备之前，应使用气体探测仪检测，设备内应无残留烃类和毒性气体，同时氧气含量不小于19%。

3．列出盲板表，以便在完成这项工作后，能全部拆除这些盲板。

4．在检修结束后，容器重新启用前，必须用蒸汽置换或者用惰性气体吹扫空气。

5．试验结束后，排液的速度不能比用空气或气体填充容器的速度快，以防止形成真空。

二、进入污染环境时的安全保护措施

严禁进入或者将头伸入氮气浓度高的容器中，严禁站在正从设备中高速泄放氮气的泄放阀处，在氮气浓度高的容器或区域内，会缺氧导致眩晕，失去知觉，甚至窒息死亡。

进入存有惰性气体的容器或受污染环境的人员，除了遵守所规定的标准安全保护措施和规章制度外，还应有以下保护措施：

1．通过可靠操作隔离该容器，如加盲板，隔断所有的烃类、燃料气、氢气等的来源。

2．进入前，应停止容器中的氮气吹扫，氮气吹扫管线应插到高于进入容器的人的位置，保证不会有向上流动的强制气流流过容器而进入工作区。

3．在容器外靠近打开的人孔处安装一台通风扇，吹扫离开容器的气体。

4．进入容器工作的人员必须戴面罩，并应有自己单独供气的一个备用新鲜空气面罩，以便在紧急情况下救助。

5. 应有不需电能的另一个单独备用空气源，容器中的其他人员能立即使用。

6. 进入容器的人员应配戴安全带。

7. 最少有两个人监护，并与容器中的人保持联系（视线、声音或信号线）。

8. 在容器中工作的人不允许蹲在塔盘或急冷气体分布器等附属配件上。因为当人在塔盘下出现问题时，容器外的人很难用安全绳通过很小的塔盘通道将人拉上来。

三、烃类的排空

既可以通过蒸汽吹扫，也可以通过氮气置换排空设备内的烃类。各装置用蒸汽吹扫，操作中应注意以下几点：

1. 用蒸汽吹扫接头引入干蒸汽（蒸汽管采用蒸汽软管）。

2. 每台容器应具有从底部到顶部的净蒸汽流。

3. 在每个打开的排气管和排液管上，可观察到有干蒸汽冒出。

4. 当蒸汽停止流动时，可以用氮气来保持微正压。

四、催化剂的卸料

催化剂的粉尘含有重金属，不应被吸入，工区必须有通风设备和呼吸保护器。操作完成后，用真空吸尘器或水冲洗清除粉尘。

还原态的催化剂是可燃的，如果没有经过蒸汽吹扫和氧化，卸料时应用水流喷淋。

氧化态的重金属会引起烃类着火，所以，与催化剂接触的设备应不含这些物质，装满催化剂的容器应密封。

五、泄压和火炬系统

水或蒸汽可直接排放到大气中，烃类和燃料进入火炬系统排放。火炬收集系统有三套：冷干火炬系统、湿火炬系统、热干火炬系统。

低温和制冷系统中排出的低温液体送入干火炬罐，冷干火炬收集从泄压阀排放的低于277 K的烃类气体，罐中所积累的液体可以用蒸汽加热汽化器加热，通过泄压阀排放到干火炬管线，送至界区外的火炬。

湿火炬系统在湿火炬罐中收集高于277 K的热烃类和来自泄压阀及排气管的含水出料。来自该罐的气体通过湿火炬管线，送至界区外的火炬。

热干火炬系统收集来自丙烯制冷压缩机、乙烯制冷压缩机、甲烷制冷压缩机和燃料气压缩机排出的气体。热干火炬负荷旁通到湿火炬罐，并直接与主火炬总管连接。

燃料进入湿火炬、冷干火炬和热干火炬总管，吹扫火炬烟囱，并且防止空气扩散回到两个系统中。

六、裂解炉的安全

1. 在裂解炉区，操作人员应防止被设备和管路热元件灼伤，应设有保护隔热层。

2. 由于在操作中涉及燃料的直接点火问题，应了解有关燃料的爆炸危险性，点火之前应吹扫炉膛并用测爆仪检查。

3. 在废热锅炉的水力清焦中，高压（70 MPa）水枪和飞溅的焦炭颗粒对人有危险，必须穿上防护服。在操作期间，用绳索隔离该地区。

4. 裂解炉装有各种仪表、报警和自动停车装置，要经常检查仪表以防失灵。

5. 发生进料、蒸汽或燃料波动时，要密切监控裂解炉，波动之后应立即检查炉膛，并记录出口管上的高温计读数，直到重新达到正常值为止。

6. 当废热锅炉进行水力清焦时，应注意避免水进入裂解炉的耐火材料中，避免裂解炉出口配件受到水的热冲击。

7. 在裂解炉操作期间，应注意确保炉膛不出现正压。正压时会使炉拱支撑钢材过热和损坏，同时使火焰或热气体喷出窥视孔而造成人员伤害。

七、压缩机的安全

1. 查看负荷是否稳定，保证在稳定区域内运行，防止压缩机发生喘振。

2. 监视压缩机各段吸入罐的液位，以防止压缩机因高液位联锁停车或因液面仪表联锁失灵，气体带液进入压缩机而造成事故。

3. 检查压缩机油泵压力、冷却水、轴位移、温度等联锁是否处于正常使用和完好状态。

4. 注意检查裂解气压缩机碱洗塔的操作是否正常，以防液体带入压缩机而造成事故。

5. 严格控制乙烯、丙烯压缩机，不得在负压下操作，特别注意监视介质是否发生泄漏，防止因此而发生爆炸事故。

八、消防设施

1. 消防给水设施

（1）水源

消防水源有天然水源和人工水源两大类。天然水源是指自然形成的并有输送条件或蓄水条件的江、河、湖等。人工水源是人工修建的给水管网、水池、水井等。石油化工企业的消防用水一般均由人工水源供给，即由专门修建的给水网供给。

（2）给水管道

给水管道主要有高压和低压两种。在工艺装置区或罐区，宜设独立的高压消防给水管网，压力为0.7 ~ 1.2 MPa。其他场所宜设与生产或生活合用的低压消防给水管网，压力应确保灭火时最不利点消火栓的水压不低于0.15 MPa。

（3）消火栓

消火栓是设置在消防给水管网上的消防供水装置，由阀、出水口和壳体等组成。消火栓按其压力可分为低压式和高压式两种，按其设置条件分为室内式和室外式、地上式和地下式。

在工艺装置区或罐区的消火栓应在工艺装置四周，间距不超过60 m，工艺装置宽度超过120 m时，应在路边增设消火栓。

2. 固定灭火系统

固定灭火系统是指由固定安装的灭火剂供应源、管路、喷放器件和控制装置组成的灭火系统。按所使用的灭火剂可分为喷水灭火系统、干粉灭火系统、泡沫灭火系统等。

（1）喷水灭火系统

喷水灭火系统的主要组件有喷头、管网报警阀、报警控制装置和附件、配件。通常安装在建筑物和设备上，发生火灾时能自动喷水、冷却、灭火，并发出火灾警报，具有工作性能稳定、灭火效率高、维护简便和使用期长等特点。

（2）干粉灭火系统

干粉灭火系统是由干粉供应源借助 N_2、CO_2 等有压气体为动力通过输送管路到达固定的喷嘴上，并通过喷嘴喷射的灭火系统。主要由干粉灭火设备和自动控制两部分组成，前者由干粉罐、动力气瓶、减压阀、输送管、喷嘴、喷枪等组成，后者由火灾探测器、启动瓶、报警控制盘等组成，适用于扑救可燃液体、气体、固体、各类电器等的火灾，具有灭火时间短、效率高、绝缘性好、可扑救带电设备火灾、易储存等特点。

(3) 泡沫灭火系统

泡沫灭火系统是产生喷射泡沫的设备。按设备的安装方式分为固定式、半固定式、移动式三类。泡沫灭火系统主要设备由泡沫泵、泡沫液储罐、泡沫产生器、比例混合器、泡沫管线等组成。

固定式灭火系统是一种半自动的泡沫灭火装置，用于扑救大型石油储罐、容器、反应器的火灾，它的整个系统时刻处于备战状态，灭火速度快。半固定式泡沫灭火系统除泡沫产生器固定安装在容器上和在其下装上部分管道（应接出容器防火堤外，离地面高度约为1 m，末端还应安装接口，平时配上盖）外，其他器材设备都是可移动的。移动式泡沫灭火系统用泡沫枪、泡沫炮、泡沫管、泡沫管架等设备代替泡沫产生器，器材设备都是可移动的，它具有安全、使用灵活、投资少等优点。

九、生产中有关物料的危险性质

生产中有关物料的危险性质见表2—23。

表2—23　　生产中有关物料的危险性质

物料	沸点（K）	闪点（K）	自燃点（K）	空气中的爆炸极限（%）		对健康的影响	热稳定性和化学稳定性	危险性
				下限	上限			
H_2	526.15	<223	673.15	4	75	简单窒息剂	高易燃性	可与氧化剂发生爆炸反应
H_2S	213.15	<223	533.15	4.3	46	对湿性组织有刺激，通过吸入而中毒，全身影响为昏迷、慢性肺水肿	高易燃性，中度爆炸性	与氧化剂、碱性物质（如碱石灰）发生强烈反应
CO	81.85	—	878.15	12.5	74	简单窒息剂，头部缺氧，头痛，呼吸困难	高易燃性，可在空气中爆炸	当加热或撞击时可发生爆炸
CH_4	111.65	83.15	810.15	5.0	15.0	简单窒息剂	高易燃性	当加热或撞击时可发生爆炸
C_2H_6	184.55	213.15	788.15	3.0	12.5	简单窒息剂，头部缺氧，头痛，呼吸困难	高易燃性，可在空气中爆炸	当加热或撞击时可发生爆炸
C_2H_4	169.25	137.15	698.15	2.7	34	简单窒息剂，头部缺氧，头痛，呼吸困难	高易燃性，可在空气中爆炸	当加热或撞击时可发生爆炸
C_2H_2	189.15	255.15	578.15	2.5	82	简单窒息剂，头部缺氧，头痛，呼吸困难，在高浓度下为麻醉剂	高易燃性，可在空气中爆炸，与铜、汞反应，形成爆炸性化合物	当加热或撞击时可发生爆炸

续表

物料	沸点（K）	闪点（K）	自燃点（K）	空气中的爆炸极限（%）		对健康的影响	热稳定性和化学稳定性	危险性
				下限	上限			
C_3H_8	231.05	169.15	723.15	2.1	9.5	简单窒息剂	高易燃性	当加热或撞击时可发生爆炸
C_3H_6	225.45	169.15	728.15	2.0	11.1	简单窒息剂	高易燃性	当加热或撞击时可发生爆炸
正丁烷	272.65	213.15	638.15	1.5	8.5	简单窒息剂	高易燃性，可在空气中爆炸	当加热或撞击时可发生爆炸

知识拓展

乙烯、丙烯的中毒特征及现场基本处理

一、乙烯的中毒特征及现场基本处理

1. 乙烯的中毒特征

吸入高浓度乙烯，立刻引起意识丧失，甚至昏迷；吸入浓度为75%～90%的乙烯与氧气的混合气体即可引起麻醉，无明显的兴奋期，苏醒也较快，可对眼、鼻、咽喉和呼吸道黏膜产生轻微的刺激症状；吸入乙烯浓度为25%～45%时，可使痛觉消失，但意识一般不受影响。

2. 现场基本处理

（1）迅速将患者移离中毒现场，放置在空气流通处。

（2）保持呼吸畅通，并给予氧气吸入。

（3）如心跳或呼吸停止，立即施行人工呼吸或体外心脏按压术等心肺复苏术。

注意

患有心肌炎者不宜从事乙烯作业。

二、丙烯的中毒特征及现场基本处理

1. 丙烯的中毒特征

丙烯吸入后出现较强的麻醉作用，但消失也快。当浓度为15%时，30 min后可引起意识丧失；浓度为24%时，3 min后意识丧失；当浓度为35%～40%时，吸入20 s，即引起意识丧失；当浓度为40%以上时，仅6 s即引起恶心、呕吐和意识丧失；50%的丙烯和氧气混合可引起麻醉。

2. 现场基本处理

（1）迅速将患者移离中毒现场，放置在空气流通处。

（2）保持呼吸畅通，并给予氧气吸入。

（3）如心跳或呼吸停止，立即施行人工呼吸或体外心脏按压术等心肺复苏术。

注意

患有心肌炎者不宜从事丙烯作业。

思考练习题

1. 什么是烃类裂解？

2. 什么是一次反应？什么是二次反应？它们有什么不同？

3. 烃类裂解反应有哪些特点？为什么会有这些特点？

4. 裂解温度、停留时间、压力和稀释剂对裂解反应有什么影响？

5. 倒梯台下吹式裂解炉由哪些主要部件构成？它们各起什么作用？裂解炉的结构与烃类裂解反应的特点有什么关系？

6. 绘制倒梯台下吹式裂解炉裂解工艺流程图，在工艺流程图中注明各个设备的作用及主要工艺指标，分析工艺指标的变化对生产有什么影响？

7. 裂解炉为什么要结焦与清焦？常用的清焦方法有哪些？

8. 在绘制的倒梯台下吹式裂解炉裂解工艺流程图中分析哪些设备内会发生异常现象？这些异常现象是什么？判断这些异常现象的产生原因并找到处理办法。

9. 裂解气主要由哪些物质组成？裂解气为什么要进行分离？

10. 裂解气的分离有哪些方法？

11. 什么是深冷分离？深冷分离流程由哪些部分组成？每部分各起什么作用？

12. 裂解气为什么要压缩？

13. 裂解气中为什么会有酸性气体？它有什么危害？如何脱除酸性气体？

14. 绘制碱洗法脱酸性气体的工艺流程图，分析工艺操作条件的变化对酸性气体脱除有什么影响？

15. 裂解气中为什么会有水分？它有什么危害？如何脱除水分？

16. 绘制分子筛脱水再生工艺流程图，并叙述其工艺过程。

17. 裂解气中为什么会有炔烃？它有什么危害？如何脱除炔烃？

18. 绘制催化加氢脱乙炔及再生流程图，并叙述其工艺过程。

19. 深冷分离中制冷的目的是什么？深冷分离中常用的方法有哪些？

20. 什么是冷冻循环制冷？什么是节流膨胀制冷？它们有什么不同？

21. 深冷分离中各个精馏塔的作用是什么？

22. 影响乙烯收率的因素有哪些？提高乙烯收率的方法有哪些？

23. 比较高压法与低压法脱甲烷塔的异同。

24. 比较乙烯塔和丙烯塔的异同。

25. 叙述逐级分凝多股进料的节能原理。

26. 叙述采用中间冷凝器和中间再沸器的节能原理。

27. 绘制顺序深冷分离流程图，在工艺流程图中注明各个设备的作用及主要工艺指标，分析工艺指标的变化对生产有什么影响？

28. 比较顺序深冷分离流程、前脱乙烷深冷分离流程和前脱丙烷深冷分离流程的异同。

29. 分析顺序深冷分离流程图中哪些设备内会发生异常现象？这些异常现象是什么？判断这些异常现象的产生原因并找到处理办法。

30. 简述烃类裂解的安全生产管理措施。

第三章　乙炔的生产

第一节　乙炔的性质及其用途

学习目标

通过学习本节，学习者应能达到下列目标：

熟记乙炔的主要性质与用途。

一、乙炔的性质

1. 物理性质

乙炔俗名电石气，为无色、易燃气体，分子式为 C_2H_2（结构式为 $HC\equiv CH$）。纯乙炔气体无臭味，工业乙炔因含硫化氢、磷化氢等杂质，故具有特殊的刺激性气味。

乙炔气体的相对密度为 0.91（$\rho_{空气}=1$），比空气略轻。

乙炔的沸点为 189.2 K，在 118.656 kPa 压力下，凝固点为 192.4 K。

乙炔是易燃气体，乙炔的闪点（开杯）为 255.4 K，自燃点为 578.2 K，具有一定的危险性。乙炔在空气中容易形成爆炸性混合物，很容易发生爆炸，其爆炸极限为 2.55% ~ 80.8%（体积分数）。水蒸气饱和的乙炔，其爆炸极限比干燥乙炔气体的爆炸极限缩小 2.5%（体积分数）。当乙炔气与水蒸气的体积比为 15∶1 时，通常不会爆炸。用一些惰性气体如甲烷、氮气、氢气等气体稀释后，也可以缩小爆炸极限，降低爆炸能力，如 $N_2:C_2H_2=1:1$（体积分数）时，一般不会爆炸。在乙炔装瓶时，常以丙酮作稀释剂。

乙炔微溶于水，易溶于乙醇、苯、丙酮等有机溶剂，溶解度随温度的升高而降低。不同温度下乙炔在水、丙酮溶液中的溶解度见表 3—1。

表 3—1　　不同温度下乙炔在水、丙酮溶液中的溶解度

温度（K）	水溶液	丙酮溶液
	溶解度（乙炔的体积/水的体积）	溶解度（乙炔的体积/丙酮的体积）
273	1.73	33
283	1.31	26
293	1.03	20
303	0.84	16
313	0.65	13

知识拓展

乙炔的爆炸特性

由于乙炔分子中的三键结构的键能很低（812 kJ/mol，比三个单键键能小得多），因此比较活泼，容易发生激烈反应。

乙炔在高温、加压或某些物质存在时具有强烈的爆炸能力。如在压力0.147 MPa以上，温度超过823 K时，即可产生分解爆炸；乙炔在空气中的爆炸极限为2.55%～80.8%（体积分数），其中7%～13%最易爆炸；乙炔与氧形成爆炸混合物范围为2.5%～93%，其中30%时最易爆炸。乙炔与空气混合属快速爆炸混合物，爆炸延滞时间只有0.017 s。乙炔极易与氯气反应生成氯乙炔引起爆炸，爆炸产物为氯化氢和碳。乙炔与铜、银、汞极易生成相应的乙炔铜、乙炔银、乙炔汞等金属化合物，这些金属化合物在干态下受到微小振动即自行爆炸。

乙炔气中混入一定比例的水蒸气、氮、二氧化碳均能使其爆炸危险性减小，例如乙炔∶水蒸气=1.15∶1时，通常无爆炸危险。也就是说，乙炔纯度越高，操作压力和温度越高，越容易爆炸。

乙炔在空气中的燃点是578 K，在氧气中的燃点是569 K。乙炔最小点火能为0.019 mJ，小铁钉的轻微撞击就可以引发爆炸。

乙炔爆炸所产生的热量，假定没有热量损失，火焰温度可达到3 373 K；乙炔爆炸产生的压力是初压的9～10倍，最大爆炸压力可达10.3 MPa，乙炔分解爆炸的诱爆距离也与压力有关，压力越高，诱爆距离越短，达到爆炸最高压力时间也越短。

2. 化学性质

由乙炔的结构式HC≡CH可以看出，乙炔分子中含有碳碳三键，化学性质非常活泼，易发生加成、氧化还原、聚合及金属取代等反应。因此，在有机化工生产中占有重要的地位。

乙炔的加成反应是多种多样的，它可以与水、氢气、氯化氢、氢氰酸等物质进行加成，分别获得乙醛、乙烯、氯乙烯和丙烯腈等化工产品。

乙炔具有还原性，能进行氧化还原反应，能被氧气、高锰酸钾溶液等氧化剂氧化为二氧化碳。

乙炔与乙烯相似，也能发生聚合反应。在催化剂的作用下，三个乙炔分子聚合生成苯。

乙炔具有弱酸性，其分子中的氢能被某些金属取代而生成盐。例如含有水或氨的工业乙炔与氯化亚铜作用，将生成具有爆炸性的乙炔铜。所以，工业上乙炔发生系统不能使用铜制的旋塞及管件。

乙炔除上述性质外，还能与很多的有机物发生反应，生成各种化工产品。

二、乙炔的用途

乙炔可用以照明、焊接及切断金属（氧乙炔焰），也是制造乙醛、乙酸、苯、合成橡胶、合成纤维等的基本原料。

乙炔燃烧时能产生高温，氧乙炔焰的温度可以达到3 473 K左右，用于切割和焊接金属；供给适量空气，可以安全燃烧发出亮白光，在电灯未普及或没有电力的地方可以用作照明光源。

乙炔作为有机化工生产的重要原料，其应用范围是较广泛的，从乙炔出发可以制成各种有机化工原料和合成单体：

1. 塑料与树脂的重要单体，如氯乙烯、乙烯基醚、乙酸乙烯酯、丙烯酸、丙烯酸酯等。
2. 合成橡胶单体，如丁二烯、2－氯丁二烯、异戊二烯等。
3. 合成纤维单体，如丙烯腈等。
4. 有机化工的重要原料及溶剂，如乙醛、乙酸、乙酐、丙酮、四氯乙烯等。

思考

1. 先通过互联网查找乙炔的性质与用途，然后思考除了互联网还可以通过哪些方式获得乙炔的性质与用途的相关知识。

2. 压缩液化后的乙炔能用钢瓶进行存储和运输吗？为什么？能用铜制的设备存储和运输乙炔吗？为什么？

3. 在乙炔存储过程中，如何降低乙炔发生爆炸的危险性？

第二节　电石法生产乙炔

学习目标

通过学习本节，学习者应能达到下列目标：

1. 熟记电石法生产乙炔的反应原理，说明各个影响因素变化对乙炔生产的影响。

2. 识别乙炔发生器和乙炔清净塔的结构，说明乙炔发生器和乙炔清净塔各个部件的作用。

3. 叙述（绘制）电石法生产乙炔的工艺流程，说明工艺流程中各个设备的作用，以及重要设备的主要工艺指标变化对生产的影响。

4. 判断和处理电石法生产乙炔过程中出现的异常现象。

一、乙炔生产方法简介

工业上生产乙炔的方法主要有如下三种：

1. 天然气（其主要成分为甲烷）裂解法

该方法利用甲烷为原料加热至 1 773 ~ 1 873 K 的高温，然后快速冷却裂解制得乙炔气。制取的乙炔气纯度较低，裂解反应后除了产生乙炔气之外，还有大量的其他副产品（如氢气、一氧化碳及其他气体）。

2. 烃类裂解法

该方法以乙烷、液化石油气、煤油等高碳烃类为原料，经 1 273 K 以上的高温裂解制得乙炔气。由于同样采用裂解的方法制取乙炔气，在裂解过程中得不到高纯度的乙炔，同时副产品（杂质）比较多。

3. 电石法

该方法以工业电石为原料，利用电石（CaC_2）与水反应生产乙炔气。利用电石制取乙炔气的工艺已有悠久的历史，并且具有工艺流程短、设备简单、操作方便、产品纯度高、投入资金少等优点。目前该方法被国内外广泛采用。

知识拓展

电石制备概况

工业上的电石生产都是通过电炉来完成的，氧化钙和焦炭凭借电弧热和电阻热在

2 073 ~2 473 K的高温下反应制得碳化钙。电石生产过程是个强吸热反应，理论上，生成1 t发气量300 L/kg 的电石，耗电1 630 kW·h。实际上，所消耗的电能远远超过计算值，每吨电石（CaC_2质量分数为80%）耗电3 400 kW·h，电能利用率小于50%。大量的电能损失了，这些损失主要有以下几个方面：

1. 电石炉中有许多副反应发生，这些副反应大多是强吸热反应。

2. 电石炉气（573 ~873 K）和被炉气带走的粉尘及出炉电石（约2 273 K）所带走的显热。

3. 消耗在电炉变压器、短网、电极以及通过炉体的热损失等。

因此，电石的生产存在高消耗、低效率、污染严重等问题。目前，如何降低电石的耗能是电石工业的主要问题。很多学者从原料的性质、装置系统的改进和操作水平等方面进行降低能耗的研究，取得一定的效果，但效果并不理想。最好的方法是采用固体催化剂的固态热反应法制备电石，使电石生产真正实现低能高效环保。

二、电石法生产乙炔

1. 生产乙炔的原料

生产中以工业电石为原料，纯电石几乎是无色透明的晶体，而工业电石呈灰色。这是由于工业电石中除含碳化钙（约66.92%）以外，还含有其他杂质，如氧化钙（约22.08%）、游离碳（约1%）以及硫化钙、磷化钙、硅化钙、砷化钙、氧化镁及二氧化硅等。

2. 电石法生产乙炔的基本原理

工业电石在常温常压下与水反应，可以生成乙炔气体，这就是电石法生产乙炔的基本原理，主反应如下：

$$CaC_2 + 2H_2O \longrightarrow C_2H_2\uparrow + Ca(OH)_2\downarrow$$

碳化钙是工业电石的主要组成成分，在工业电石的各个成分中，只有碳化钙可以和水反应生产乙炔气体。

工业电石的其他成分与水会发生如下副反应：

$$CaO + H_2O \longrightarrow Ca(OH)_2\downarrow$$

$$MgO + H_2O \longrightarrow Mg(OH)_2\downarrow$$

$$CaS + 2H_2O \longrightarrow Ca(OH)_2\downarrow + H_2S\uparrow$$

$$Ca_3P_2 + 6H_2O \longrightarrow 3Ca(OH)_2\downarrow + 2PH_3\uparrow$$

$$Ca_2Si + 4H_2O \longrightarrow 2Ca(OH)_2\downarrow + SiH_4\uparrow$$

$$Ca_3As_2 + 6H_2O \longrightarrow 3Ca(OH)_2\downarrow + 2AsH_3\uparrow$$

副反应会产生H_2S、PH_3、SiH_4、AsH_3等气体杂质，影响乙炔的纯度。另外，电石与水作用能放出大量热，1 kg化学纯电石放出热量约为1 997.20 kJ，1 kg工业电石约放出热量1 662.24 kJ。所以，电石在水解时速率不宜太快，分解太快，放出的热量如不能及时移走，就会发生局部过热，可能有爆炸的危险。因此，在反应进行过程中要及时移走热量。

即学即练

电石法生产的乙炔气中含有的杂质气体有______、______、______和______。

思考

1. 在电石与水发生反应时为什么要及时移走热量？

2. 乙炔发生器产生的泥渣主要成分是什么？

3. 乙炔的清净

由工业电石与水反应生产的乙炔气体，还不能直接用作有机化工原料，因其中含有的硫化氢、磷化氢、砷化氢等气体，影响乙炔的质量和使用。如以这种乙炔为原料，与氯化氢合成氯乙烯产品，乙炔中的杂质就容易使该合成反应的催化剂中毒，影响生产。如果乙炔中存在磷化氢气体，危险性更大，磷化氢与空气接触能自燃，并引起乙炔的爆炸。

为保证乙炔的质量和生产中的安全，必须对乙炔气体进行净化。一般采用具有氧化性的次氯酸钠为清净剂，它能把乙炔中的杂质气除去。

（1）乙炔气体的清净

在清净塔中清净剂与乙炔气逆向接触，与其中的磷化氢、硫化氢等杂质作用，生成酸性物质而除去。其反应式如下：

$$H_2S + 4NaOCl \longrightarrow H_2SO_4 + 4NaCl$$

$$PH_3 + 4NaOCl \longrightarrow H_3PO_4 + 4NaCl$$

$$AsH_3 + 4NaOCl \longrightarrow H_3AsO_4 + 4NaCl$$

$$SiH_4 + 4NaOCl \longrightarrow SiO_2 + 2H_2O + 4NaCl$$

（2）乙炔气体的中和

经过清净的乙炔气中，带有 H_3PO_4、H_2SO_4 等酸性物质，需要用碱中和，生成可溶性钠盐把它们除去，从而达到提纯和完全净化的目的。经中和后的乙炔纯度达到99.5%。

思考

为什么乙炔气要进行清净？清净后乙炔气是否可以不进行中和，为什么？

4. 影响因素

（1）乙炔的发生工段

1）发生温度。电石法生产乙炔的温度一般维持在338～348 K，温度的波动对电石分解速率有一定影响。

①提高温度，电石水解的速率加快，生产能力提高。同时，乙炔在水中的溶解度减小，能提高乙炔的收率。再者，温度升高，乙炔气中水蒸气量增加，爆炸危险性降低。

②温度过高，乙炔聚合生成杂质的可能性增加，乙炔的损失增加。同时，乙炔气中水蒸气含量就会增加，致使乙炔的温度过高，不利于后面的冷却。

2）发生压力。发生器压力一般控制在0.007～0.013 MPa（表压）。

①压力增大，增加乙炔爆炸的可能性，降低乙炔的收率。

②压力太低，会造成负压，空气会窜入发生器而引起爆炸。

3）乙炔发生器的液面高度。一般控制液面高度为发生器高度的3/4。

①当液面偏高时，发生器内气相空间变小，压力就会波动，给操作带来不便；同时液面过高，会使反应区上移而堵塞加料，严重威胁安全生产。

②若液面降低，反应区下移，气相空间增大，发生器的利用率降低；同时反应温度与压力的波动较大，不易控制；若液面太低，以致降到电石加料短管以下，乙炔气就会从加料短管口跑出去，引起着火或爆炸。

4）电石粒度。为了防止事故的发生和保证电石水解完全，对电石粒度的要求一般以

50～80 mm 为宜。

①电石的粒度越小，与水的接触面积越大，水解速率也就越快。但如果粒度太小，由于反应剧烈，有可能引起局部过热而发生分解爆炸。

②电石粒度越大，水解速率缓慢，容易造成水解不完全，导致电石的消耗定额提高。

5）电石纯度。采用优质电石不但可以提高分解速率，而且可以减轻清净工段的处理负荷。

①在生产中要求电石发气量大于 0.25 m^3/kg。

②纯度越高，说明电石中碳化钙的含量越高，发气量越大。反之，则杂质含量高。

③优质电石碳化钙的含量一般为93%。

6）搅拌。发生器搅拌的目的是不断更新电石和水的接触面，以破坏反应过程中生成的氢氧化钙对电石的包围，从而提高乙炔生成的速率。但如果搅拌速率太快，电石还未水解完全，就会被耙至排渣口，造成损失。搅拌转速一般控制在 1～1.5 r/min。

（2）清净工段

1）次氯酸钠溶液有效浓度。次氯酸钠溶液有效氯含量一般为0.06%～0.08%时净化效果最好。当有效氯浓度高时，即有效浓度大，则氧化能力强，杂质硫、磷等去除完全，清净效果好。有效氯含量太高，则氧化能力更强，副反应会增多，对乙炔的纯度有影响。同时，反应过于激烈，爆炸性增大，生产操作不安全。有效氯含量如低于0.05%，则清净效果差，乙炔的纯度降低，会降低产品的质量。

2）次氯酸钠溶液的 pH 值。正常控制 pH 值在 7～8，呈弱碱性。若 pH 值高，说明碱性强，次氯酸钠在碱性介质中稳定性大，氧化能力降低，清净效果就差；若 pH 值低于 7，即呈酸性，次氯酸钠的氧化能力增加，硫、磷等杂质去除得干净，但反应激烈，对安全生产有威胁。

3）清净塔的液面高度。清净塔塔底液面不可过高或过低，若高于进气管口，会形成液封，使系统压力波动，严重时会造成瞬间负压，而吸入空气；如液面过低，可能将气体吸入泵内，而产生气缚现象，导致泵打不上液体而影响生产。

即学即练

电石法要求原料电石的发气量大于________，电石的纯度越大，发气量________。优质电石的碳化钙含量为________。

5. 生产乙炔的反应设备

（1）乙炔发生器

湿法乙炔发生器的结构示意图如图 3—1 所示。

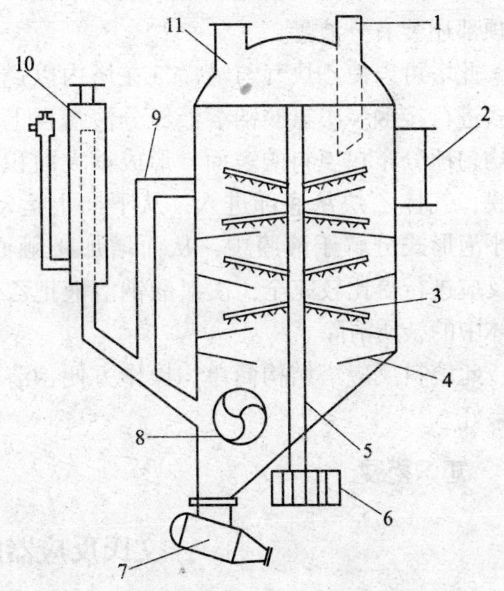

图 3—1　湿法乙炔发生器的结构示意图

1—加料筒　2—液位计　3—耙子　4—托盘　5—搅拌轴　6—搅拌装置　7—排渣器　8—小搅拌器　9—溢流管　10—平衡管　11—乙炔出口

乙炔发生器是生产乙炔的主要设备，主体是由钢板焊接而成的圆柱体。为防止电石和器壁撞击或摩擦而起火，在内壁衬胶或衬铅，以保证安全。

在发生器上部装有加料筒 1，伸至发生器内液面以下，加料筒能起到水封的作用，使供料装置与发生器空间隔开。加料筒下面有托盘，共五层。在托盘的作用下，电石一层一层地向下运动，充分和水反应，同时通过耙子的转动，把电石表面生成的氢氧化钙清除，使电石进一步反应。

在第一层与第二层托盘之间，装有溢流管 9，与锥形底部的溢流管相连，在溢流管外加一套管，即平衡管 10，它可起到调节液面的作用，同时也是安全装置，在发生器内压力不大时，可以防止空气侵入。在锥体内装有小搅拌器 8，可以使粒度较小的电石得到进一步水解。在锥体底部有一个排渣器 7，利用专门阀门控制，定期排放废渣。

反应生成的石灰乳经溢流管排出，固体渣经锥底定期排放。反应生成的乙炔气由发生器上部引出。

思考

1. 在图 3—1 中，如果没有耙子 3 和小搅拌器 8，会对生产有什么影响？

2. 在图 3—1 中，为什么要在乙炔发生器的内壁衬胶或衬铅？

（2）乙炔清净塔

乙炔清净塔的结构示意图如图 3—2 所示，它是用钢板焊接而成的圆柱形填料塔。塔壁内衬有橡胶以防止腐蚀。在塔底有乙炔气进口 1 和废次氯酸钠溶液出口 5，塔顶有清净后的乙炔气出口 3 和次氯酸钠溶液进口 4。为了使清净剂次氯酸钠溶液均匀地喷洒于填料表面，塔内顶部还装有分液盘 2。

此塔可以使乙炔气与清净剂在塔内以逆流方式进行接触。次氯酸钠溶液经分液盘自上而下均匀地分布在填料的表面，形成很大面积的液膜，气体乙炔从底部进入，从下向上运动，以小泡形式分解于液膜中，从而增加接触面，使反应进行得比较完全，次氯酸钠溶液把乙炔气体中的杂质清除。

此填料反应塔结构简单，操作方便，清净效果好。

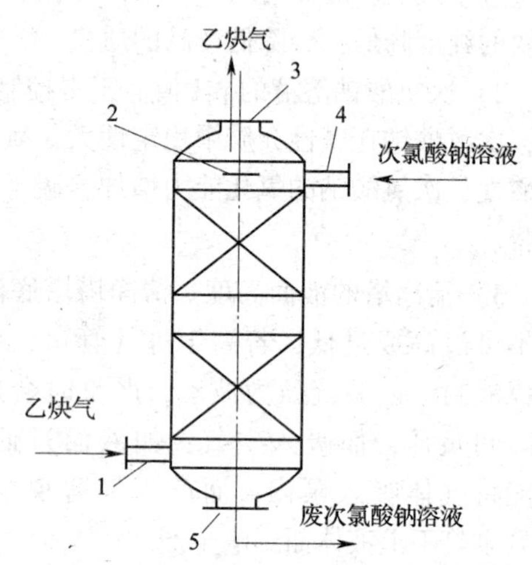

图 3—2 乙炔清净塔的结构示意图

1—乙炔气进口 2—分液盘 3—乙炔气出口 4—次氯酸钠溶液进口 5—废次氯酸钠溶液出口

知识拓展

文氏反应器的结构及作用

文氏反应器的结构示意图如图 3—3 所示。文氏反应器是清净剂次氯酸钠溶液配制的主要设备，由塑料制作而成。文氏反应器是由内外筒体组合起来的，外筒为一锥形筒体，外筒圆柱部分两侧各有一个开口，分别为碱液和氯气的入口。内筒由圆柱和圆锥组成，上端开口为工业水的进口，混合后的次氯酸钠溶液由底部开口送出。

文氏反应器的作用是稀碱和工业氯气由混合器两侧进入文氏反应器的混合室，工业水由内筒上端加入，与碱、氯气相遇，配制成有效氯含量为 0.06% ~0.08% 的次氯酸钠溶液。其反应式如下：

$$2NaOH + Cl_2 \longrightarrow NaCl + NaOCl + H_2O$$

6. 乙炔的生产流程

乙炔的生产流程分为乙炔气的发生和清净两个部分。

(1) 乙炔气的发生

(湿法) 乙炔发生工艺流程图如图 3—4 所示。将电石加入上加料储斗 1 内，根据需要将电石放入下加料储斗 2。在加料斗的加料孔中装有自动阀，它在电石一定质量的作用下自动开启。有了这种双重料斗，就能在乙炔正常发生的条件下，连续补加电石同时避免空气进入乙炔发生器 3。上、下加料储斗在加料时用氮气进行置换，避免燃烧或爆炸。

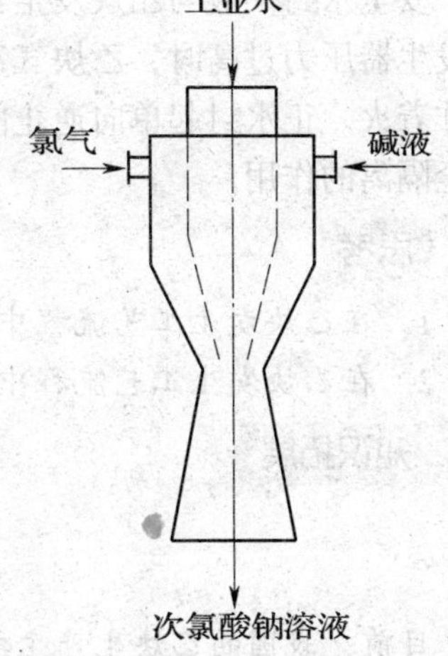

图 3—3 文氏反应器的结构示意图

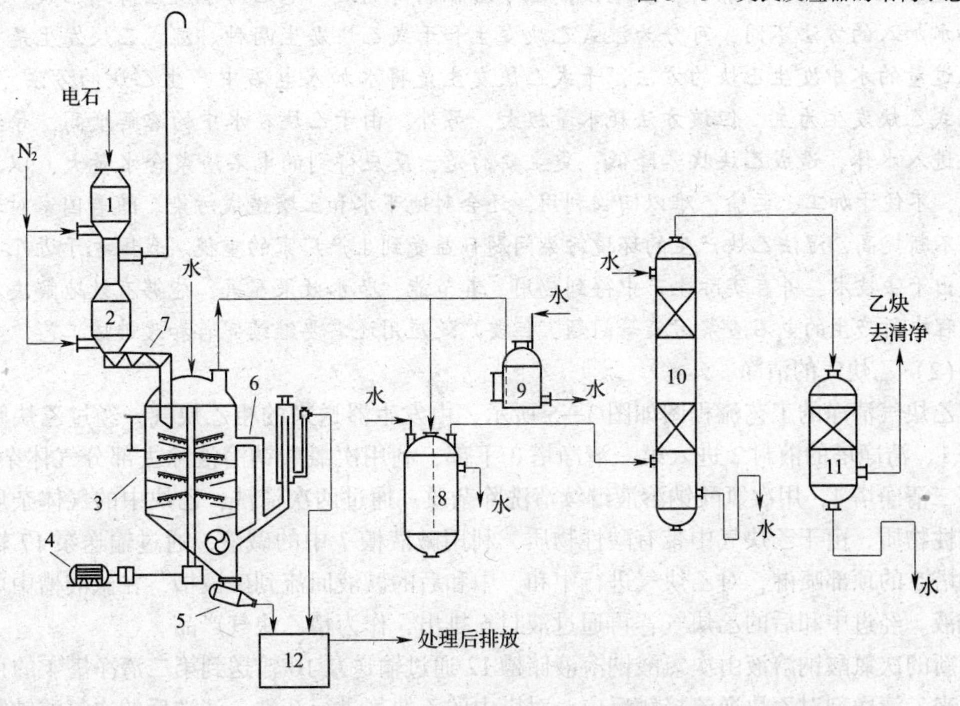

图 3—4 乙炔发生工艺流程图

1—上加料储斗 2—下加料储斗 3—乙炔发生器 4—电动机 5—排渣器 6—溢流管
7—振动加料器 8—正水封 9—安全水封 10—冷却塔 11—阻火器 12—渣浆池

料斗中的电石，通过控制振动加料器 7，从料斗将电石投入乙炔发生器 3，并控制电石的加入量。发生器的加料口直接用管道引入水面以下，避免生成的乙炔气外逸，电石通过加料口直接进入水溶液。反应用水主要通过发生器顶部的进水口处连续加入乙炔发生器 3，并保持一定液位。发生器内装有大搅拌器和小搅拌器，电石在搅拌作用下与水进行反应，反应温度保持在 343 ~ 353 K，发生器内压力则由正水封 8 和安全水封 9 控制，保持在 0.007 ~

0.013 MPa，生成的粗乙炔气经正水封 8、冷却塔 10、阻火器 11 送到清净工段去除杂质。

反应生成的副产物和矿渣通过溢流管 6 和排渣器 5 排放到渣浆池 12，处理后排放。

安全水封一般与乙炔发生器本体直接连接，与乙炔发生器连接的乙炔管被水封住，当乙炔发生器压力过高时，乙炔气冲破水封直接排到大气中，避免乙炔发生器因压力过高而引起爆炸着火。正水封起单向逆止阀的作用。当发生系统和清净系统有一部分发生事故时，起到安全隔离的作用。

思考

1. 在乙炔发生工艺流程中，为什么要设置正水封和安全水封？
2. 在乙炔发生工艺流程中，冷却塔和阻火器起什么作用？

知识拓展

乙炔生产的发展概况

目前，我国的乙炔生产主要采用天然气和电石两种路线，其中电石工艺占主导地位。电石法是以煤和石灰石为原料，在电炉高温下熔融制得电石，电石与水反应得到乙炔。根据电石和水加入的方法不同，可分为湿式乙炔发生和干式乙炔发生两种。湿式乙炔发生是将电石加入过量的水中发生乙炔的方法，干式乙炔发生是将水加入电石中产生乙炔的方法。目前，以湿式乙炔发生为主，但该方法耗水量极大。另外，由于乙炔在水中的溶解度高，导致大量乙炔进入水体，造成乙炔收率降低；更主要的是，反应得到的电石渣浆含水量大，以泥浆状存在，不便于加工、运输，难以回收利用，还会对地下水和土壤造成污染。随着国家对环保要求的不断提高，湿法乙炔产生的环境污染问题日益受到生产厂家的重视。我国也于近几年研究开发出干法技术，并在实际生产中得到应用。其节能、节水效果显著，能够有效地解决湿法生产过程中所产生的电石渣浆污染等问题，但要广泛应用还需要继续完善和改进该工艺。

（2）乙炔气的清净

乙炔气清净的工艺流程图如图 3—5 所示，由发生器送来的粗乙炔气，经过乙炔筛板冷却塔 1、清净塔的液封 2 进入第一清净塔 3 下部，利用次氯酸钠溶液除去部分气体杂质后，到第二清净塔 4，用次氯酸钠溶液继续清洗除杂质。通过两次清洗，乙炔中的气体杂质转化为酸性物质，由于乙炔气中带有酸性物质，利用碱液槽 7 中的碱液，通过输送泵 17 输送到中和塔 5 的顶部喷淋，对乙炔气进行中和，中和后的碱液回流到碱液槽，在碱液槽中可补加新碱液。经过中和后的乙炔气，再通过液封 6 排出，作为精乙炔气产品。

新的次氯酸钠溶液由次氯酸钠溶液储槽 12 通过输送泵 16 输送到第二清净塔 4 的顶部喷淋下来，清净剂对乙炔逆流接触反应，对塔中的乙炔气进行清洗，清洗后的次氯酸钠溶液还有效用，利用输送泵 15 输送到第一清净塔 3 的顶部喷淋下来，对塔中的乙炔气进行清洗，清洗后的清净剂（次氯酸钠溶液）已经失效，由输送泵 14 送往发生器或排入地沟。

将 42% 的碱液于稀碱配制槽 10 中配制成 13% ~15% 的稀碱液，用输送泵 13 打入碱液高位槽 9。碱液经计量后加入文氏反应器 11；氯气经缓冲器 8，通过计量后从文氏反应器 11 的另一侧口加入；工业水经计量后由文氏反应器顶部加入。水、氯气和氢氧化钠在文氏反应器内混合反应而生成次氯酸钠溶液，由反应器下部流入次氯酸钠溶液储槽 12 中，供清净工段使用。

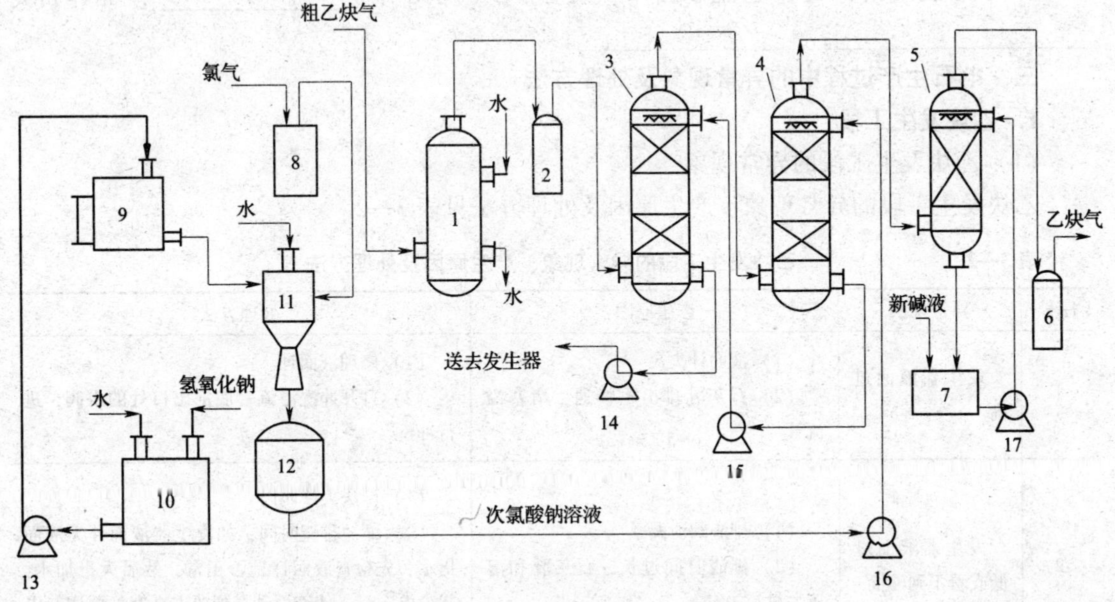

图 3—5　乙炔气清净的工艺流程图

1—冷却塔　2、6—液封　3—第一清净塔　4—第二清净塔　5—中和塔　6、7—碱液槽　8—氯气缓冲器　9—碱液高位槽　10—稀碱配制槽　11—文氏反应器　12—次氯酸钠溶液储槽　13、14、15、16、17—输送泵

清净工艺技术要求：

1）生产中对清净剂次氯酸钠溶液的要求。清净剂次氯酸钠溶液在文氏反应器 11 中配制，利用 13% ~15% 的稀碱液和氯气反应，制得生产需要的次氯酸钠溶液。为了保证生产效果，清净剂次氯酸钠溶液的有效氯含量为 0.06% ~0.08%，酸碱度控制在 pH =7 ~8。每 2 h 分析一次新加入次氯酸钠溶液的有效氯含量。当次氯酸钠有效氯含量低于 0.05%，pH 值在 9 以上时，则清净效果较差；当有效氯含量在 0.15% 以上时，易生成氯乙炔而发生爆炸，也可生成二氯乙烯等中间产物，造成乙炔的浪费。

2）生产中对中和塔中碱液的要求。中和塔中碱液的主要作用是除去乙炔气中的酸性杂质，使用一段时间会失效，碱液在碱液槽中配制，新配制碱液的浓度 14% ~16%。为保证生产效果，生产中分析室每天要抽检，检测碱溶液的浓度达到下限值 6% 时，就需要更换新碱液。

思考

1. 在乙炔清净工艺中，加入氯气的目的是什么？
2. 次氯酸钠溶液的 pH 值为什么不能过高？
3. 中和塔中碱液的浓度为什么不能过低？

即学即练

1. 电石和水反应会生成主要固体杂质________，电石带进来的固体杂质和生成的固体杂质由发生器的________和________排出。

2. 在乙炔气清净的工艺流程图中，设备 11 的名称是________，其作用是把________和________反应，配制为________溶液。

3. 在乙炔气清净的工艺流程图中，设备 3、4 的名称是______________，其作用是______________________________。

三、电石生产过程中的异常现象及处理方法

1. 乙炔发生工段

(1) 乙炔发生工段的异常现象

乙炔发生工段的异常现象、产生原因及处理方法见表 3—2。

表 3—2　乙炔发生工段的异常现象、产生原因及处理方法

序号	异常现象	产生原因	处理方法
1	发生器液面过高	(1) 液面计失灵 (2) 石灰乳排出不畅通，堵塞溢流管	(1) 修理液面计 (2) 打开冲洗溢流管底部出口处的水阀，进行冲洗
2	发生器液面过低或看不到液面	(1) 排渣阀泄漏 (2) 排渣时间过长，石灰乳和溶液大量流失	(1) 设法关严阀门 (2) 缩短排渣时间，如发生器液面计无液面指示，先检查液面计是否正常，然后大量加水，减少电石量，使液面升高到要求高度，再调节电石与水的加入量
3	发生器内压力过低	(1) 储料斗卡料 (2) 振动加料器振动幅度不够，储料斗断料 (3) 水封液面低	(1) 排出卡料，清除卡料 (2) 增大电流，增大振动幅度 (3) 及时加水，使液面上升
4	发生器内压力过高	(1) 气相温度高 (2) 水封液面过高 (3) 仪表失灵	(1) 加水调节温度 (2) 通过平衡管调节水封至正常高度 (3) 检查仪表，通知仪表工修理
5	搅拌轴径向跳动异常	因隔板变形使轴承座位置变化，轴因受力过大而变形	调整隔板或校正轴承座，校正搅拌轴
6	耙齿、耙臂变形而产生异响和卡阻	料中含有坚硬杂质，使耙齿和耙臂受力过大，耙齿和耙臂强度不够	仔细调整或更换耙齿和耙臂，使用截面大的型材

(2) 注意事项

1) 保证正常的操作温度和压力，发生器内液面不得过高或过低，禁止出现负压。

2) 保持发生器大小搅拌器的正常运转，因搅拌不正常而造成局部反应剧烈以致发生爆炸，一旦大搅拌器出现故障，应立即停车。

3) 水封应保持在正常的液位高度。

4) 注意振动加料器的电流，防止电流因卡料而增大，注意减速机油压及冷却水温度。

5) 经常检查，防止突然停水、停电，发生重大事故。

2. 乙炔清净工段

(1) 乙炔清净工段的异常现象

乙炔清净工段异常现象、产生原因及处理方法见表3—3。

表3—3　　乙炔清净工段异常现象、产生原因及处理方法

序号	异常现象	产生原因	处理方法
1	清净后乙炔气用硝酸银检验变黑（清净效果差）	（1）次氯酸钠溶液浓度低，碱性强或乙炔气量大 （2）次氯酸钠量小 （3）乙炔入口温度高	（1）提高次氯酸钠浓度溶液，调节pH = 7 ~ 8 （2）加大次氯酸钠量 （3）加强冷却
2	中和后的乙炔气用碘化钾试纸检验变蓝色	碱液浓度太低，中和效果差	换新碱，加大碱的循环量
3	发生器和清净系统压力增大	（1）设备、管线堵塞，液封水过高 （2）第一清净塔液面高	（1）疏通管路，降低液封液面 （2）降低第一清净塔液面
4	次氯酸钠溶液呈强碱性	（1）氯气与氢氧化钠流量配比不当 （2）氯气供应有问题，文氏反应器损坏	（1）调节氢氧化钠量，检查氯气管道或更换氯气钢瓶，调节流量配比 （2）停车更换设备
5	中和塔换碱时出现火花或爆燃	（1）有效氯过高或氯气带进中和塔内 （2）塔内碱液使用时间过长	（1）调整配制，使pH值和有效氯含量在规定指标范围内 （2）清洗中和塔，更换塔内碱液

（2）注意事项

1）进入清净塔的粗乙炔气温度低于308 K。

2）清净剂次氯酸钠溶液的有效氯含量为0.06% ~0.08%，pH =7 ~8。

3）第一清净塔排出的废次氯酸钠溶液含量控制在0.02% ~0.06%，以防止清净剂失效。

4）中和塔新碱溶液浓度为14% ~16%，生产中分析室每天要抽检，检测碱溶液的浓度达到下限值6%时就需要更换新碱。

5）从中和塔出来的乙炔气，用碘化钾或硝酸银检验是否变色（检验乙炔气纯度），不变色为合格。

6）每两小时分析一次新加入的次氯酸钠溶液的有效氯含量。

第三节　天然气部分氧化裂解生产乙炔

学习目标

通过学习本节，学习者应能达到下列目标：

1. 熟记天然气部分氧化裂解生产乙炔的方法。
2. 叙述天然气部分氧化裂解生产乙炔的工艺流程。

天然汽化学工业是我国的重要工业之一。天然气不但是重要的能源，而且是优良的化工原料。以天然气为原料的化学加工工业称为天然汽化学工业。以天然气为原料生产乙炔的工艺是化学工业的重要工艺之一。

一、天然气制乙炔的方法

以天然气为原料生产乙炔的方法很多，但目前已经实现工业化生产的只有部分氧化法、电弧法和等离子体法三种。

天然气等离子体法制乙炔具有工艺简单、裂解气易分离、原料利用率高、投资少、成本低、生产安全可靠、无污染的优点，是完全可以国产化的新的乙炔生产方法。但该工艺的工业化生产技术还不成熟，国内还没有实现工业化生产。

电弧法天然气制乙炔是利用电弧所产生的高温来使天然气裂解生产乙炔。由于电弧法产生的温度不够高，电能利用率低于等离子法，裂解气中残余甲烷相对较多，产品乙炔的杂质较多，故应用得较少。

部分氧化法是天然气生产乙炔中应用最多的方法，应用时间较长，工艺较成熟。本节重点介绍天然气部分氧化裂解生产乙炔。

二、天然气部分氧化法的工作原理

氧气和天然气先分别预热，快速混合后，进入燃烧反应器，在燃烧的同时只提供部分氧气，以使部分天然气和氧气的混合气能够稳定燃烧，这部分甲烷通过燃烧释放大量热量，使温度提高到1 773～1 873 K，在高温下，另一部分甲烷发生热分解反应转化为乙炔。其反应式如下：

$$2CH_4 \xrightarrow{1\ 773 \sim 1\ 873\ K} C_2H_2 + 3H_2 \quad ①$$

$$CH_4 + O_2 \longrightarrow CO + 2H_2O \quad ②$$

$$CH_4 + 2O_2 \longrightarrow CO_2 + 2H_2O \quad ③$$

$$C_2H_2 \longrightarrow 2C + H_2 \quad ④$$

除此之外，还发生大量副反应，生成高级炔（丁二炔、甲基乙炔、乙烯基乙炔、苯、萘等）。乙炔的产率取决于乙炔生成反应①和分解反应④的反应速率之差。

三、天然气部分氧化裂解生产乙炔的工艺流程

天然气部分氧化裂解生产乙炔的工艺流程图如图3—6所示。

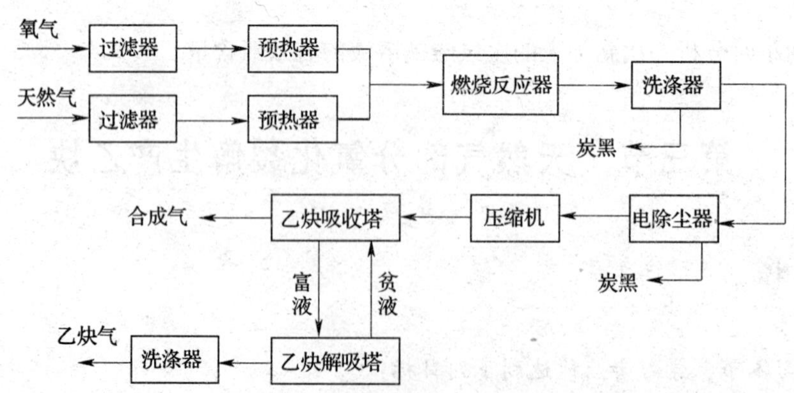

图3—6　天然气部分氧化裂解生产乙炔的工艺流程图

1. 乙炔的生成

将氧气和天然气分别经过过滤器，除去机械杂质后，进入预热器加热。预热后混合进入燃烧反应器，一部分甲烷氧化燃烧，释放大量的热量；另一部分甲烷发生裂解反应，生成乙炔气、一氧化碳、二氧化碳、氢气和炭黑等。

2. 乙炔的净化

反应生产的裂解气不但含有氢气、一氧化碳等气体，还含有炭黑颗粒。通过洗涤塔进行喷淋洗涤，除去部分炭黑和少量的二氧化碳，再通过电除尘器除去大部分的炭黑颗粒，净化后的裂解气进入压缩机进行压缩。

3. 乙炔气的分离

压缩后的裂解气输送到乙炔吸收塔进行吸收，用二甲基甲酰胺溶液作吸收剂，吸收乙炔，吸收剂由上向下进行喷淋，裂解气由下向上与吸收剂逆流接触，乙炔被吸收剂吸收，剩下的气体合成气作为副产品从乙炔吸收塔顶部排出；吸收大量乙炔的富液由乙炔吸收塔底部输送到乙炔解吸塔内进行解吸；解吸放出的乙炔气体，再经过洗涤器洗去气体带出的吸收剂后，即为产品乙炔。富液解吸后转化为贫液，输送到吸收塔顶部进行喷淋，循环使用。

4. 吸收剂的使用

在选择吸收剂时，应选用对乙炔有较大溶解度且解吸性强的溶剂，同时还应考虑到溶剂的来源可靠、可以循环使用、操作方便及价格便宜等。工业上采用的溶剂有丙酮、*N*－甲基吡咯烷酮和二甲基甲酰胺等，其中二甲基甲酰胺比较常用。

二甲基甲酰胺作为浓缩稀乙炔的吸收剂，有以下优点：

(1) 乙炔的溶解度大。在 0.101 3 MPa 和 298 K 下，1 体积 95% 的二甲基甲酰胺的水溶液能吸收 30 体积的乙炔。

(2) 选择性好。产品中没有二氧化碳，浓乙炔的纯度高。

(3) 沸点高 (428 K)，挥发性小，在吸收与解吸操作过程中损失量小。

(4) 在分离乙炔和合成气的同时，能得到单独馏分的乙炔高级同系物。由于采用了真空操作，降低了高级同系物的聚合作用和二甲基甲酰胺的水解作用。

即学即练

1. 电除尘器的作用是__________________________。
2. 乙炔吸收塔的作用是__________________________。
3. 乙炔解吸塔的作用是__________________________。

思考

为什么在乙炔解吸塔解吸出来的乙炔气要到洗涤塔进行洗涤？

知识拓展

其他乙炔生产方法

一、电弧法

电弧法以天然气为原料，裂解所需能量由电弧提供。气体由切线方向进入反应器，形成旋涡运动，然后通过电弧，再沿中心管出来送去急冷，气体最高温度 1 873 K，单程转化率约为 50%。每吨乙炔耗电能 10 850 kW · h，消耗甲烷 4 350 m^3，产生副产品氢气 3 800 m^3。

二、等离子体法

等离子体法是以氢气作为介质，当反应器的直流电在一对电极间形成稳定的电弧时，让氢气形成等离子体成流气（简称成流气）通过它，成流气被部分电离，经气体、器壁和电磁压缩后，形成一股温度很高的等离子电流，利用这股高温射流裂解天然气。等离子体热裂解天然气产生的裂解气，经水淬冷，再用化学和物理方法将其分离提浓缩，便获得大量的氢气和主产品乙炔。

第四节　工业乙炔储运和生产安全管理

通过学习本节，学习者应能达到下列目标：

熟记乙炔及电石的储运要求，熟记乙炔安全生产管理的措施。

一、工业乙炔储运管理

1. 储存管理

乙炔在液态和固态下或在气态和一定压力下有剧烈爆炸的危险，受热、振动、电火花等因素都可以引发爆炸，因此不能在加压液化后储存或运输。利用乙炔易溶于乙醇、苯、丙酮等有机溶剂的性质。在 288. 15 K 和 1. 5 MPa 时，乙炔在丙酮中的溶解度为 237 g/L，而且溶液比较稳定。因此，工业上是在装满石棉等多孔物质的钢瓶中，使多孔物质吸收丙酮后将乙炔压入，以便储存和运输。为了与其他气体区别，乙炔钢瓶的颜色一般为白色，橡胶气管一般为黑色，乙炔管道的螺纹一般为左旋螺纹（螺母上有径向的间断沟）。

乙炔钢瓶应储存于阴凉、通风的库房，远离火种、热源，库温不宜超过 303 K；应与氧化剂、酸类、卤素分开存放，切忌混储；采用防爆型照明、通风设施；禁止使用易产生火花的机械设备和工具；储区应备有泄漏应急处理设备。

2. 运输管理

采用钢瓶运输时必须戴好钢瓶上的安全帽。钢瓶一般平放，并应将瓶口朝同一方向，不可交叉；高度不得超过车辆的防护栏板，并用三角木垫卡牢，防止滚动。运输时运输车辆应配备相应品种和数量的消防器材；装运该物品的车辆排气管必须配备阻火装置，禁止使用易产生火花的机械设备和工具装卸。严禁与氧化剂、酸类、卤素等混装、混运；夏季应早晚运输，防止日光暴晒；中途停车时应远离火种、热源；公路运输时要按规定路线行驶，勿在居民区和人口稠密区停留；铁路运输时要禁止溜放。

3. 操作管理

要求密闭操作，全面通风。操作人员必须经过专门培训，严格遵守操作规程，建议操作人员穿防静电工作服。远离火种、热源，工作场所严禁吸烟，使用防爆型的通风系统和设备，防止气体泄漏到工作场所空气中，避免与氧化剂、酸类、卤素接触。在传送过程中，钢瓶和容器必须接地和跨接，防止产生静电。搬运时轻装轻卸，防止钢瓶及附件破损，配备相应品种和数量的消防器材及泄漏应急处理设备。

4. 废弃管理

处置前应参阅国家和地方有关法规，建议用焚烧法处置。

二、电石储运管理

1. 桶装电石在运输、储存中应防止雨水和潮气进入，否则在卸桶或开桶盖时因振动、撞击会引起爆炸。电石粉尘切忌一次大量倒入水中处理，以防剧烈水解放热引起燃烧。

2. 库房的照明应采用防爆式，或将照明安装在库房外，利用反射方法将灯光从玻璃窗射进室内。

3. 电石库房属甲类危险库房，应是单层不带闷顶的一、二级耐火等级建筑，库房顶应采用非燃烧材料，地势要高而干燥，库房应高于其他建筑地面 0.2 m，门窗要有防止雨水侵入的遮盖物。

4. 电石库房邻近建筑物应相隔一定的距离，距人员密集区及重要公共建筑物的距离不宜小于 50 m。

5. 电石库内禁止安装冲地水管和蒸汽管等，消防灭火除可采用二氧化碳灭火器和干粉灭火器外，最有效的方法是充氮灭火。

思考

在电石的存放过程中，如果发生火灾，能否用水进行灭火？为什么？

三、乙炔生产安全管理

1. 发生器温度

乙炔发生器温度的高低，直接影响乙炔生成速度。温度升高，电石水解速度加快，生产能力提高，乙炔在水中溶解度减少，电石的浪费减少；但温度升高，乙炔分解可能性增大，同时乙炔发生器温度升高，乙炔气中水蒸气和夹带的悬浮固状物会增加，造成出气管堵塞和冷却负荷增加，因此温度一定要严格控制。

2. 发生器压力

压力增加会使乙炔分子密集，因此尽可能在较低的压力下操作，但也不能太低，一般发生器压力控制在 0.007 ~0.013 MPa 为宜。

3. 电石加料斗安全问题

乙炔发生器电石加料斗起火爆炸是乙炔工序易于发生恶性事故的部位，轻则引起降量、停车，重则炸毁厂房，造成人员伤亡。

加料斗发生事故的主要原因如下：

(1) 电石受潮。

(2) 加料斗衬里破裂，加料时与器壁摩擦打火。

(3) 加料斗活门关不严，乙炔气与空气接触形成爆炸气体，遇电石下落时的碰撞、电石与器壁的碰撞打火造成爆炸。

(4) 氮气置换不彻底，或因氮气纯度低或排空管不畅，使氮气进气量不足，未能充分置换；或者氮气阀门开度不够，置换时间短等。

(5) 电石卡住活门，使活门关不严，造成粗乙炔气外泄。

4. 电石粒度控制

电石水解反应是液固相反应，电石粒度越小，与水接触面积越大，反应速度也越快，此情况下有可能引起局部过热而引起乙炔分解和爆炸；电石粒度越大，与水接触面积越小，电石的反应速度减慢，特别是电石粒度过大时，不但可造成卡住活门，也可使生成的 $Ca(OH)_2$ 将电石包住，使电石水解不完全，造成浪费，因此电石粒度一般应控制在 50～80 mm。

5. 发生器液面

发生器液面控制在液面计中部位置为宜，也就是说保证电石加料管至少进入液面下 200～300 mm为宜。

6. 乙炔清净

次氯酸钠溶液有效氯一般控制在0.06%～0.08%，pH 值在 7～8 间。当次氯酸钠溶液中有效氯含量低于0.05%，pH 值在 9 以上时，则清净效果较差；当有效氯含量在 0.15% 以上时，易生成氯乙炔而发生爆炸，也可生成二氯乙烯等中间产物，造成乙炔的浪费。

从安全生产角度考虑，清净次氯酸钠溶液有效氯不应低于 0.06%，不应高于 0.08%，pH 值严格控制在 7～9。

7. 其他安全问题

（1）乙炔管道应有导出静电的接地装置。

（2）电石库、电石破碎、中间电石库、料仓等禁设蒸汽给排水管道。

（3）乙炔站应设于地势较高的地方，周围有良好的通风排水设施，建筑物耐火等级为二级；应有较大的泄压面积，至少设两个安全出口或楼梯。

四、工业卫生

乙炔生产过程中的有毒、有害物质及其防护简述如下：

1. 乙炔

乙炔有一定毒性，具有轻微的麻醉作用。空气中最高允许浓度为 500 mg/m^3，大量吸入乙炔后应及时呼吸新鲜空气，反应较严重者应立即采取人工呼吸或输氧治疗。

2. 氢氧化钠

氢氧化钠对皮肤有腐蚀和刺激作用，接触高浓度碱液会引起皮肤及眼睛等的灼伤或溃烂。操作和检查时必须戴耐酸碱手套、防护眼镜或面罩；如溅入皮肤或眼睛应立即用大量清水反复冲洗，或用硼酸水（3%）或稀醋酸（2%）中和，必要时进一步治疗。

3. 氯气

氯气对呼吸道及支气管有强烈的刺激和破坏作用，大量吸入可引起中毒性肺水肿、昏迷甚至死亡。空气中最高允许浓度为 1 mg/m^3，当氯气外泄时，应戴正压式防毒面具（如空气呼吸器）处理事故，急性中毒者须立即呼吸新鲜空气，注重保暖静卧，并松解衣带，必要时输氧，轻微中毒者可服用猪油、白糖混合的解氯水，患肺水肿者可采用每日吸几次 5% 碳酸氢钠雾化空气进行治疗。

4. 次氯酸钠

对皮肤和眼睛有严重腐蚀作用，高浓度液体可引起皮肤的灼伤和眼睛失明。长期接触本品的工人，手掌大量出汗，指甲变薄，毛发脱落。本品有致敏作用，放出的游离 Cl^- 可引起中毒。

5. 氮气

氮气是窒息性气体，短时间可使人窒息死亡。操作人员进入采用氮气置换过的设备前应将人孔打开，自然通风，必要时强制通风，使空气流通或用水冲洗，取样分析合格后方能进行操作。

知识拓展

乙炔的中毒特征及现场基本处理

一、乙炔的中毒特征

1. 吸入一定浓度后有轻度头痛、头昏。

2. 吸入高浓度时先兴奋、多语、哭笑不安，继而头痛、眩晕、恶心、呕吐、步态不稳、嗜睡。

3. 严重者昏迷。

4. 乙炔急性毒性主要是因为高浓度时置换了空气中的氧，引起单纯性窒息作用，缺氧是主要致死原因。

二、现场基本处理

1. 迅速将患者移离中毒现场，放置在空气流通处。

2. 保持呼吸畅通，并给予氧气吸入。

3. 如心跳或呼吸停止，立即施行人工呼吸或体外心脏按压术等心肺复苏术。

思考练习题

1. 简述乙炔的主要性质与用途。

2. 写出电石法生产乙炔的反应方程式。

3. 乙炔发生工段的主要影响因素有哪些？它们的变化如何影响乙炔发生？

4. 乙炔清净工段的主要影响因素有哪些？它们的变化如何影响乙炔清净？

5. 绘制电石法生产乙炔发生工段的工艺流程图，并在工艺流程图上注明各个设备（含乙炔发生器的各个部件）的作用，以及重要设备的主要工艺指标，分析工艺指标的变化对生产有什么影响？

6. 绘制电石法生产乙炔清净工段的工艺流程图，并在工艺流程图上注明各个设备（含乙炔清净塔的各个部件）的作用，以及重要设备的主要工艺指标，分析工艺指标的变化对生产有什么影响？

7. 在绘制的乙炔发生工段的工艺流程图中分析哪些设备内会发生异常现象？这些异常现象是什么？判断这些异常现象产生的原因并找到处理办法。

8. 在绘制的乙炔清净工段的工艺流程图中分析哪些设备内会发生异常现象？这些异常现象是什么？判断这些异常现象产生的原因并找到处理办法。

9. 简述工业乙炔储运中的管理要求。

10. 简述电石储运中的管理要求。

11. 在乙炔生产过程中，如何防止乙炔燃烧和爆炸？

12. 在乙炔生产过程中，会接触哪些有毒、有害物质？如何防护？

第四章　甲醇的生产

第一节　甲醇的性质与用途

学习目标

通过学习本节，学习者应能达到下列目标：
熟记甲醇的主要性质与用途。

一、甲醇的性质

1. 物理性质

甲醇，俗称“木精”或“木醇”。甲醇是最简单的饱和醇，分子式 CH_3OH。在常温下为具有酒精气味的无色透明易挥发液体，易挥发，易流动，易燃。甲醇的物理性质见表 4—1。

表 4—1　　甲醇的物理性质

性质	指标	性质	指标
密度（273 K）（kg/m^3）	810	腐蚀性	常温无腐蚀性，铅、铝例外
沸点（K）	337.7～337.9	自燃点（K）	746（空气中），734（氧气中）
凝固点（K）	175.6～195.4	闪点（K）	289（开口容器），285（闭口容器）
临界温度（K）	513	空气中爆炸范围（体积分数，%）	6.0～36.5
临界压力（$\times 10^5$ Pa）	79.54		

甲醇有较强的溶解性，它可与水、乙醇、乙醚、苯、丙酮和其他多种溶剂以任意比例相混溶，但不能与脂肪烃相混溶。甲醇对气体也有很强的溶解能力，特别是对二氧化碳和硫化氢的溶解能力很强，因此甲醇可作为洗涤剂用于工业中脱除二氧化碳和硫化氢。

甲醇有较强的毒性，对人体的神经系统和血液系统影响最大，它经消化道、呼吸道或皮肤摄入都会产生毒性反应，甲醇蒸气能损害人的呼吸道黏膜和视力，对神经系统有麻醉作用。若饮入甲醇 5～8 mL，可引起中毒；饮入 8～30 mL，就会使双目失明；饮入 30 mL 以上，则中毒死亡；若在有 5%（质量分数）甲醇蒸气的环境中停留 1～2 h，也可引起死亡。甲醇在体内不易排出，会发生蓄积，在体内氧化生成甲醛和甲酸。甲醛对视网膜细胞具有特殊的毒性作用，甲酸则可导致酸性中毒。在甲醇生产工厂，空气中甲醇允许浓度为50 mg/m^3，在有甲醇蒸气的现场工作须戴防毒面具，废水要处理后才能排放，允许含量小于200 mg/L。

知识拓展

甲醇的燃烧爆炸危险性

甲醇蒸气与空气形成爆炸性混合物，遇明火、高热能引起燃烧爆炸；与氧化剂能发生强烈反应；其蒸气比空气重，能在较低处扩散到相当远的地方，遇火源发生燃烧；若遇高温，容器内压力增大，有开裂和爆炸的危险，燃烧时无火焰。

甲醇着火时，应该用泡沫、二氧化碳、干粉、沙土灭火剂灭火，用水灭火无效。

2. 化学性质

（1）甲醇可在银催化剂作用下，在 873 ~923 K 下进行气相氧化或脱氢生成甲醛，这是目前工业上生产甲醛的主要方法；或者用其他固体催化剂如铜、铁、钼催化剂，氧化温度为 593 K。

$$2CH_3OH + O_2 \longrightarrow 2HCHO + 2H_2O$$

（2）甲醇分子羟基中的氢可以被碱金属取代而生成甲醇钠。

$$2CH_3OH + 2Na \longrightarrow 2CH_3ONa + H_2$$

（3）高温下，在催化剂的作用下进行甲醇的脱水，可以制取二甲醚。

$$2CH_3OH \longrightarrow (CH_3)_2O + H_2O$$

（4）以离子交换树脂作催化剂，在 373 K，甲醇与异丁烯进行反应，生成甲基丁基醚，加在汽油里可以提高辛烷值而取代有害的烷基铅。

（5）与氢卤酸反应得到甲基卤化物。

$$CH_3OH + HCl \longrightarrow CH_3Cl + H_2O$$

（6）与亚硝酸作用生成烈性炸药硝基甲烷。

$$CH_3OH + HNO_2 \longrightarrow CH_3NO_2 + H_2O$$

（7）甲醇与酸反应时，甲醇分子中的甲基容易取代，在强无机酸存在时反应加快，如与甲酸反应生成甲酸甲酯。

$$HCOOH + CH_3OH \longrightarrow HCOOCH_3 + H_2O$$

又如甲醇和对苯二甲酸在高温高压下反应，生成对苯二甲酸甲酯，它是制取涤纶纤维的原料之一。

（8）甲醇与氨作用，可分别得到甲胺、二甲胺和三甲胺。

二、甲醇的用途

工业甲醇的用途十分广泛，除可作为许多有机物的良好溶剂外，还可用于合成纤维、甲醛、塑料、医药、农药、染料、合成蛋白质等工业生产，是一种基本的有机化工原料。近年来，随着技术的发展和能源结构的改变，甲醇又开辟了许多新的用途。甲醇是较好的人工合成蛋白质的原料，蛋白质转化率较高，发酵速度快，无毒性，价格便宜。目前，世界上已有年产 10 万 t 甲醇制蛋白质的工业装置。甲醇是容易输送的清洁燃料，可以与汽油混合作为汽车燃料，用它作为汽油添加剂可起节约芳烃、提高辛烷值的作用。甲醇是直接合成乙酸的原料，孟山都法实现了在较低压力下甲醇和一氧化碳合成乙酸的工业方法。甲醇可直接用于还原铁矿（甲醇可以预先分解为 CO、H_2，也可不做预分解），得到高质量的海绵铁。近年来，科研人员在甲醇制乙醇、乙二醇、甲苯、二甲苯和氧分解性能好的甲醇树脂等方面开展了广泛而深入的研究。

即学即练

通过互联网查找甲醇的性质与用途，除了互联网还可以通过哪些方式获得甲醇的性质与用途的相关知识？

思考

1. 常压下，350 K 的甲醇是液体还是气体，为什么？
2. 甲醇与水的混合物静置后会分层吗？为什么？
3. 为什么不能用工业酒精代替酒精来生产白酒？

知识拓展

甲醇的发展历程与展望

甲醇最早是从干馏木材的蒸出液中分离得到的，绝大多数以酯或醚的形式存在于自然界中，只有某些树叶或果实内含有少量的游离甲醇，故可以用木材分解蒸馏得到甲醇。甲醇是由合成气生产的重要化学品之一，既是重要的化工原料，也是常用的燃料。20 世纪 30 年代初，几乎全由木材蒸馏制造甲醇，世界的甲醇产量仅约 4.5 万 t。在我国，甲醇产量上升非常迅速，1998 年产量为 148.87 万 t，2000 年为 198.69 万 t，2003 年为 326 万 t，2004 年达到 440.65 万 t，2005 年达到 569 万 t，2006 年达到 762 万 t，2007 年产量在 900 万 t 左右，2010 年我国甲醇产达 4 500 万 t 的历史新高。

1661 年，英国物理学家和化学家波义耳首先在木材干馏的液体产品中发现了甲醇，这成为工业上获得甲醇的最古老方法。20 世纪 60 年代中期，所有甲醇生产装置均采用高压法。1966 年，英国卜内门化学工业公司研制成功铜系催化剂并开发了低压工艺，简称 ICI 低压法。1971 年，联邦德国鲁奇公司开发了另一种低压合成甲醇工艺（简称鲁奇低压法）。20 世纪 70 年代中期以后，世界上新建和扩建的甲醇厂均采用低压法，已有的高压法老厂也在逐步改成低压法，并出现了其他低压生产工艺。

目前，甲醇的使用已超过其传统用途，潜在的耗用量已超过其传统用途，渗透到国民经济的各个部门。特别是随着能源结构的改变，甲醇有未来主要燃料的候补燃料之称，需求量十分大。根据甲醇代替燃料的程度不同，世界能源大会（WEC）节能委员会于 1983 年提出的“2000 年到 2020 年的能源报告”中称，估计 2000 年至 2020 年期间甲醇的需求量将会大幅度增加。

今后，树木、农作物、有机废料以及城市垃圾等，均可以作为制造甲醇的原料。这就能够长期地、充分地提供足以生产大量甲醇所需的原料，以适应对甲醇的巨大需求。

我国目前甲醇的产量还较低，但近年来发展速度较快，近二十年来其平均增长速度约为 12%。从我国能源结构出发，甲醇可由煤制得，将来甲醇有希望替代石油燃料和成为石油化工产品的原料，具有广阔的应用前景。

第二节　甲醇的生产方法简介

学习目标

通过学习本节，学习者应能达到下列目标：

1. 熟记工业上生产甲醇的主要方法。
2. 能比较高压法、中压法和低压法的生产条件。

生产甲醇的方法有很多种，早期用木材或木质素干馏法制甲醇，其产量不高，生产出的甲醇质量也不好，目前在工业上已经被淘汰。

工业上生产甲醇的方法主要有甲烷氧化法和一氧化碳加氢合成法两种。

一、甲烷氧化法

甲烷氧化法利用甲烷氧化生成甲醇，反应式如下：

$$2CH_4 + O_2 \longrightarrow 2CH_3OH$$

由于此法氧化过程不易控制，同时甲醇的收率不高（30%左右），对原料和产品造成很大损失，在我国已规定新建甲醇项目不准采用此法生产。

二、一氧化碳加氢合成法

一氧化碳加氢合成甲醇是目前工业生产甲醇的主要方法，其生产方法分高压法、低压法和中压法，基本反应式如下：

$$CO + 2H_2 \longrightarrow CH_3OH + 110.96\ kJ/mol$$

1. 高压法

一氧化碳和氢在高温623～693 K和高压24.5～29.84 MPa下，经锌—铬氧化物催化合成甲醇。此法技术成熟，是目前各国生产甲醇的主要方法。

2. 低压法

一氧化碳和氢在4.9 MPa和548 K左右的条件下，以铜基催化剂进行合成。由于铜基催化剂的活性及选择性都比锌—铬催化剂高，所以反应能在较低压力和温度下进行，副反应少，高沸点杂质少。因此，消耗于副反应的合成气和得到的产物甲醇中的杂质都比较少，产品精制容易，质量高。由于温度和压力都比高压法低，所以设备、管道和管件的材料都比较容易得到，能量消耗也少。因此，生产成本低，适于中、小型工厂的生产。

3. 中压法

中压法的操作压力为9.8～14.7 MPa，温度为513～543 K，所用催化剂为铜—锌—铝氧化物。中压法生产甲醇技术的出现，是由于甲醇生产趋于大型化，目前最大规模已达到60万t/a，若采用低压法生产，会出现设备庞大和结构不紧凑的缺点。如一个甲醇产量为1 000 t/d的装置，根据理论推算，气体管道直径就需要5 m左右，合成塔需要两座，催化剂用量也相应增加，对设备制造和运输都会带来困难。若采用中压法技术，生产投资、操作费用和占地面积等都有所下降，综合利用指标也比低压法好。

以上三种方法的生产流程基本相同，只是操作条件有差异，具体反应条件见表4—2。此外，反应器结构也有某些差别。

表4—2　不同甲醇合成法的反应条件

条件 / 方法	催化剂	温度（K）	压力（MPa）	备注
高压法	$ZnO-Cr_2O_3$	623～693	25～30	1924年工业化
中压法	$CuO-ZnO-Al_2O_3$	513～543	10～15	1970年工业化
低压法	$CuO-ZnO-Cr_2O_3$	513～543	5	1966年工业化

思考

比较高压法、低压法和中压法的生产特点。

知识拓展

合成甲醇的原料及生产发展趋势

随着甲醇工业的迅速发展，以碳的氧化物与氢合成甲醇的方法，在原料来源、工艺技术、能源利用和生产规模等方面，取得了许多新的成就。不论采用怎样的原料和技术路线，合成甲醇大致可以分为以下几个工序：

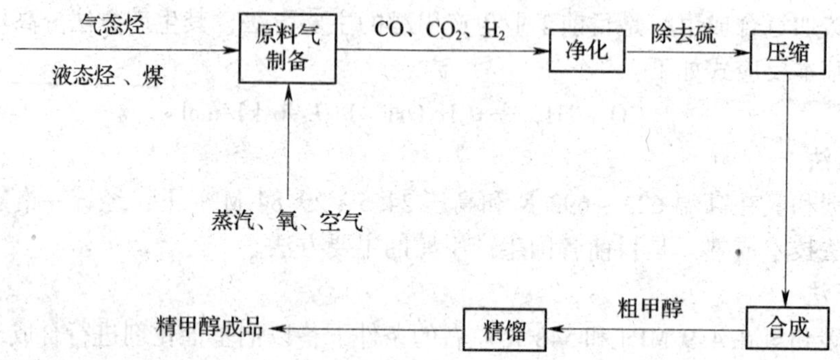

一、原料选择

生产甲醇的原料大致有煤、石油、天然气和含 H_2、CO（或 CO_2）的工业废气。早期以煤为主要原料，生产水煤气制造甲醇。从 20 世纪 50 年代开始，天然气逐步成为制造甲醇的主要原料，因为它简化了流程，便于输送，降低了成本，据估算，约为以煤为原料投资的 65%，成本约为 50%。但是，以天然气为原料直接生产甲醇其资源利用率低，造成能源浪费，现在国家已经明文规定不鼓励发展。目前，世界甲醇生产已经由天然气为原料向水煤气为原料转变。此外，利用工业废气（如乙炔尾气或乙烯裂解废气）更为经济，但数量有限，故受到限制。

我国独创的联醇工艺，实际上也是一种中压合成甲醇的方法，国外近年也建设了甲醇与氨和羰基合成气体联合生产的大型装置。据不完全统计，中低压法装置的生产能力约占目前世界甲醇装置总生产能力的 80% 以上，其余为各式各样的高压法装置。

二、发展趋势

近年来，甲醇工业发展总趋势如下：

1. 新建厂多采用中低压法，不外加二氧化碳，该法具有设备少、操作与控制简单、投资及操作费用低、产品纯度高等许多优点。

2. 高压法处于停滞状态，为中低压法所替代。原有的高压法，也在努力改善催化剂的活性，对合成塔做某些改进后，其生产能力可提高 20% ~50%，其能源利用率也有显著提高。

3. 生产装置趋向大型化，由于大型装置设备利用率和能源利用率高，可以节省单位产品的投资和降低产品的成本。继续研究活性及选择性更高、耐热性更好、使用寿命更长的铜系催化剂，达到简化合成塔结构和强化生产的目的。

4. 降低甲醇制造过程的能量消耗，这是新建甲醇装置普遍需解决的新课题。原有的甲醇装置也重视这方面的技术改进工作，如热能的充分利用、原料气制备的工艺改进、采用透平压缩机和使用高活性催化剂等，都取得了显著的节约能量消耗的效果。研究进一步提高碳的氧化物与氢合成甲醇单程转化率的新工艺，在强化生产的同时，实质也是节约能量的重要手段。

第三节　一氧化碳加氢合成甲醇

学习目标

通过学习本节，学习者应能达到下列目标：

1. 熟记一氧化碳加氢合成甲醇的反应原理，说明各个影响因素变化对一氧化碳加氢合成甲醇反应的影响。

2. 识别化学反应器的结构，说明反应器各个部件的作用。

3. 简述（绘制）工业生产甲醇的工艺流程，说明工艺流程中各个设备的作用，说明工艺流程中重要设备上的主要工艺指标变化对生产的影响。

4. 判断和处理甲醇生产过程（高压法）中出现的异常现象。

一氧化碳与氢的混合气体叫合成气，又称水煤气。它可由煤、焦炭或者天然气与水或氧气反应制得，也可由乙炔尾气获得。制成的合成气经洗涤、脱硫等净化过程后，送至合成系统，进而生产甲醇，整个合成过程与合成氨的生产工艺过程大致相同。因此，我国普遍采用合成氨生产流程中同时生产甲醇（既合成氨—甲醛联合生产）的联醇工艺流程。

一、反应原理

一氧化碳和氢合成甲醇的主反应如下：

$$CO + 2H_2 \rightleftharpoons CH_3OH + 110.96\ kJ/mol$$

在进行上述主反应的同时，还发生如下一些副反应：

平行副反应

$$CO + 3H_2 \rightleftharpoons CH_4 + H_2O$$

$$2CO + 2H_2 \rightleftharpoons CO_2 + CH_4$$

$$4CO + 8H_2 \rightleftharpoons C_4H_9OH + 3H_2O$$

$$2CO + 4H_2 \rightleftharpoons CH_3OCH_3 + H_2O$$

当有金属铁、钴、镍等元素存在时，还可以发生碳反应。

$$2CO \longrightarrow CO_2 + C$$

连串副反应

$$2CH_3OH \rightleftharpoons CH_3OCH_3 + H_2O$$

$$CH_3OH + nCO + 2nH_2 \rightleftharpoons C_nH_{2n+1}CH_2OH + nH_2O$$

$$CH_3OH + nCO + 2(n-1)H_2 \rightleftharpoons C_nH_{2n+1}COOH + (n-1)H_2O$$

这些副反应的产物还可以进一步发生脱水、缩合、酯化或酮化等反应，生成烯烃、脂类或酮类等副产物。

思考

一氧化碳加氢合成甲醇的反应有哪些特点？

二、影响因素

在甲醇的生产过程中，为了减少副反应，提高甲醇的收率，除选择合适的催化剂外，还应确定合适的温度、压力、原料气的组成和纯度、空间速率等工艺条件。

1. 温度

生产中的操作温度是由多种因素决定的，尤其是取决于催化剂的活性温度。如以 $ZnO-Cr_2O_3$为催化剂的高压法，由于催化剂的活性低，所需最适宜温度较高，一般为 653 K 左右。对以 $CuO-ZnO-Al_2O_3$为催化剂的低压法，由于催化剂的活性高，所需最适宜温度较低，一般为 513 ~ 543 K（低于 513 K，反应速度慢；高于 543 K，催化剂会很快失活）。为了防止催化剂老化，在催化剂使用初期，反应温度较低，随着催化剂逐渐老化，反应温度逐步提高。

甲醇的合成是一个可逆反应，提高温度对正反应不利，且会引起副反应的发生。这样，既增加了分离的困难，又导致催化剂表面炭化降低活性。同时，甲醇的合成是一个放热反应，反应热必须及时移出，以避免温度过高产生烧结现象，使催化剂活性下降。因此在低压法合成甲醇时，必须严格控制反应温度，及时有效地移走反应热。

2. 压力

合成甲醇的反应是体积减小的反应，增加压力，反应向正反应方向进行，有利于提高反应速率和增加甲醇的平衡浓度。在铜基催化剂下，气相空速为 3 000/h，合成压力和一氧化碳的甲醇转化率的关系如图 4—1 所示，合成压力与甲醇生成量的关系如图 4—2 所示。

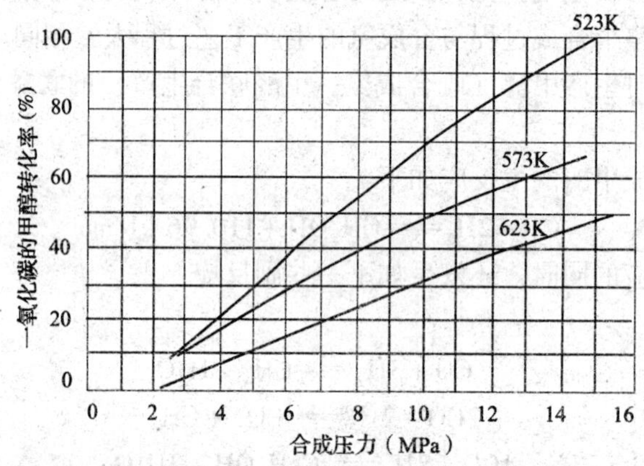

图 4—1 合成压力与一氧化碳的甲醇转化率的关系

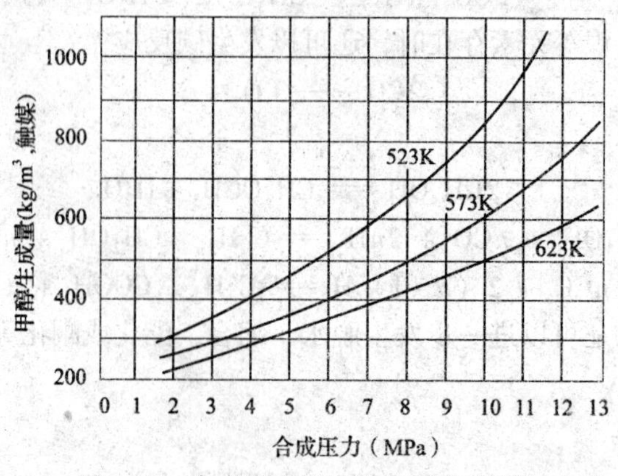

图 4—2 合成压力与甲醇生成量的关系

从图 4—1 可以看出，合成压力越高，一氧化碳的甲醇转化率越高。从图 4—2 可以看出，合成压力越高，甲醇生成量越大。

增加反应压力不仅可以减小反应器的尺寸和减小循环气体积，而且还可以增加产物甲醇所占的比率。但是，压力增加，能量的消耗与设备强度都要随之增大。

生产中反应压力与催化剂类型、反应温度等都有密切的联系。当用 $ZnO-Cr_2O_3$ 作催化剂时，由于活性低，反应温度较高，故采用的反应压力也较高，一般在 30 MPa 左右。而采用 $CuO-ZnO-Al_2O_3$ 作催化剂时，由于活性高，相应反应温度较低，则反应压力相应较低，一般在 5 MPa 左右。目前大型工厂都倾向于采用 15.2 MPa 左右的压力，中、小型工厂采用 5.07 MPa 的压力，这样投资和操作费用都较节省。

3. 原料气的组成

由合成甲醇的反应式可知 $H_2:CO=2:1$，生产中 CO 不能过量，以免引起羰基铁的生成，积聚于催化剂表面而使之失去活性。氢气过量对生产是有利的，既可防止或减少副反应的发生，又可以带出反应热，防止催化剂局部过热，从而延长其使用寿命。

合成气中氢和一氧化碳的比例对一氧化碳生成甲醇的转化率有很大的影响，如图 4—3 所示。

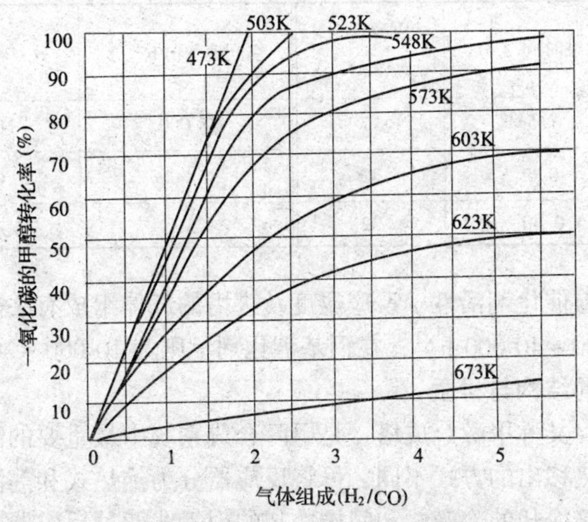

图 4—3　原料气中 H_2/CO 与一氧化碳的甲醇转化率的关系

从图 4—3 可以看出，增加氢的浓度可提高一氧化碳的转化率。采用铜基催化剂的低压法合成甲醇时，一般控制 $H_2:CO=(2.2\sim3.0):1$。过高的 H_2/CO 会降低设备的生产能力。

4. 原料气的纯度

原料气中所含惰性气体杂质和催化剂毒物的浓度都要严格控制。惰性物质氮及甲烷的存在，会降低 H_2 及 CO 的分压，使反应的转化率降低。催化剂毒物硫化氢及五羰基铁的存在，均对催化剂有害。硫化氢对铜催化剂的影响尤为显著，对锌催化剂不太敏感。但五羰基铁 $Fe(CO)_5$ 对这两种催化剂均有害，因它在合成条件下，发生分解，析出的铁积聚在催化剂表面，使之失去对主反应的催化活性，相反却对甲烷的生成起催化作用，引起更多的副反应。反应式如下：

$$Fe(CO)_5 \longrightarrow Fe+5\,CO$$

五羰基铁是一氧化碳与铁在423～473 K下相接触而生成的，在高压下尤其容易生成。因此，原料气体进入合成反应器之前，必须除去五羰基铁及杂质，合成反应器需用铜衬里。

原料气中含有一定量的CO_2时，由于CO_2的比热容比CO的比热容高，而其加氢反应热较小，所以可降低反应峰值温度。低压法合成甲醇，当CO_2的含量为5%（体积分数）时，甲醇产率最高。CO_2的存在也可抑制二甲醚的生成。

为了避免惰性气体的积累，必须排出部分循环气体，以使反应系统中惰性气体的含量保持在一定浓度范围，生产上一般控制循环气体：新鲜气体＝（3.5～6）：1。

5. 空间速率

合成甲醇的空间速率大小影响原料的转化率，而且也决定着生产能力和单位时间所放出的热量。表4—3为锌—铬催化剂的空速与生产能力的关系。一般来说，空间速率越小，接触时间越长，单程转化率越高，但会加速副反应的发生，生成高级醇，也会使催化剂生产能力下降；空间速率越大，接触时间越短，可提高催化剂生产能力，减少副反应的发生，提高甲醇产品纯度。但空间速率过高，单程转化率降低，甲醇浓度降低，分离难度加大。此外，增加空速可以将反应热移走，防止催化剂过热。

表4—3　锌—铬催化剂的空速与生产能力的关系

空间速率（h^{-1}）	接触时间（s）	甲醇产率（%）	空间速率（h^{-1}）	接触时间（s）	甲醇产率（%）
2 400	1.5	17	18 000	0.20	37.5
6 000	0.6	31	35 000	0.10	75
9 000	0.40	32			

适宜的空间速率与催化剂活性、反应温度及进塔的气体组成有关。标准状态下在锌—铬催化剂上一般为35 000～40 000 h^{-1}，在铜基催化剂上则为10 000～20 000 h^{-1}。

三、合成反应器的结构与材质

合成甲醇反应器，又称甲醇合成塔，是甲醇合成系统中最重要的部分。合成甲醇是一个放热反应，根据反应热移出的方式不同，可将反应器分为绝热式和等温式两大类；按冷却方式的不同，可分为直接冷却的冷激式和间接冷却的列管式两种反应器。下面介绍高压法内部换热式合成塔和低压法外部换热冷激式合成塔。

1. 高压法内部换热式合成塔

高压法内部换热式合成塔，主要由高压外筒、内筒和电热炉三部分组成，如图4—4所示。

合成塔的高压外筒是一个锻造的或由多层钢板卷焊的圆形容器，最高操作压力在31.39 MPa左右。容器上部有顶盖，用高压螺栓与筒体连接，在顶盖上设有电热炉的安装孔和温度计套管插入孔。筒体下部设有异径三通、反应气体出口及副线气体进口。

内筒（也称内体）由不锈钢制成。内筒的上部有催化剂筐，中间有分气盒，下部有热交换器，催化剂筐上有筐盖，下有筛孔板。在筛孔板上放有不锈钢网，使放置在上面的催化剂不致下漏。在催化剂框里装有数十根由内冷管、中冷管及外冷管所组成的三套管，三套管的作用是及时移出催化剂层中的反应热，保证催化剂层温度在较理想的活性温度范围内。此外，在催化剂筐内还有两根温度计套管和一个用来装电热炉的中心管。

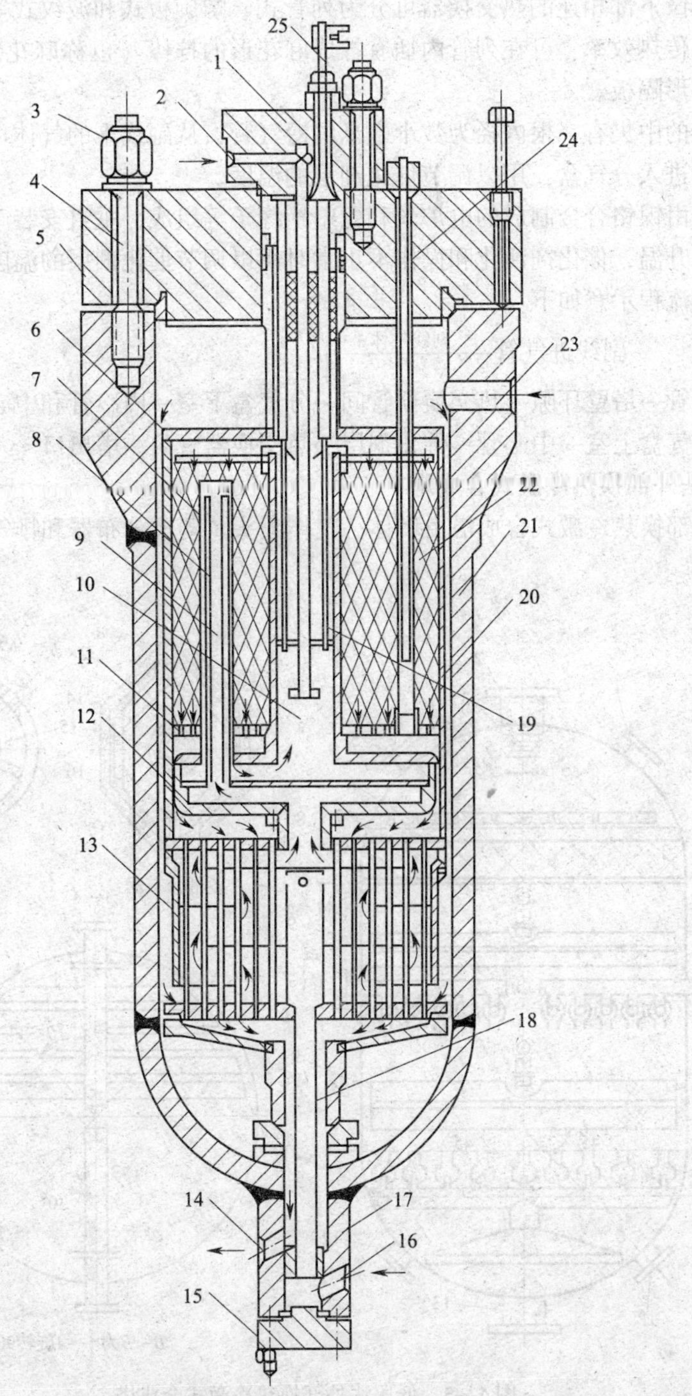

图 4—4　高压法内部换热式合成塔

1—电炉小盖　2—二次副线入口　3—高压螺母　4—高压螺栓　5—顶盖　6—催化剂筐盖　7—外冷管　8—中冷管　9—内冷管　10—中心管　11—筛孔板　12—分气盒　13—热交换器　14—合成气出口　15—小盖　16—一次副线入口　17—异径三通　18—冷气管　19—电热炉　20—催化剂筐　21—高压筒体　22—催化剂　23—主线入口　24—温度计套管　25—导电棒

与催化剂筐下部相连的热交换器可分为列管式、螺旋板式和波纹式等。若用列管式热交换器，为提高传热效率，可在列管内插有拧成麻花形的拧棒（也称麻花铁），在管间空隙内装有若干块环形隔板。

热交换器的中央有一根内径为数十毫米的冷气管，从副线来的气体可通过此管，而不经热交换器直接进入分气盒，用以调节催化剂层的温度。

电热炉是由镍铬合金制成的电炉丝和瓷壁绝缘子等组成，垂直安装于催化剂筐内的中心管中。当开车升温，催化剂活化和操作不正常时用以调节催化剂层的温度。

进塔气体流程示意如下：

副线进气管——副线气体——↓

主线进气管→塔壁环隙→热交换器管间→分气盒下室→内冷管和中心管环隙→外冷管→分气盒上室→中心管→催化剂层→热交换器管内→塔出口

2. 低压法外部换热冷激式合成塔

低压法外部换热冷激式合成塔由塔体、气体喷头、菱形分布器和排气集气管构成，如图4—5所示。

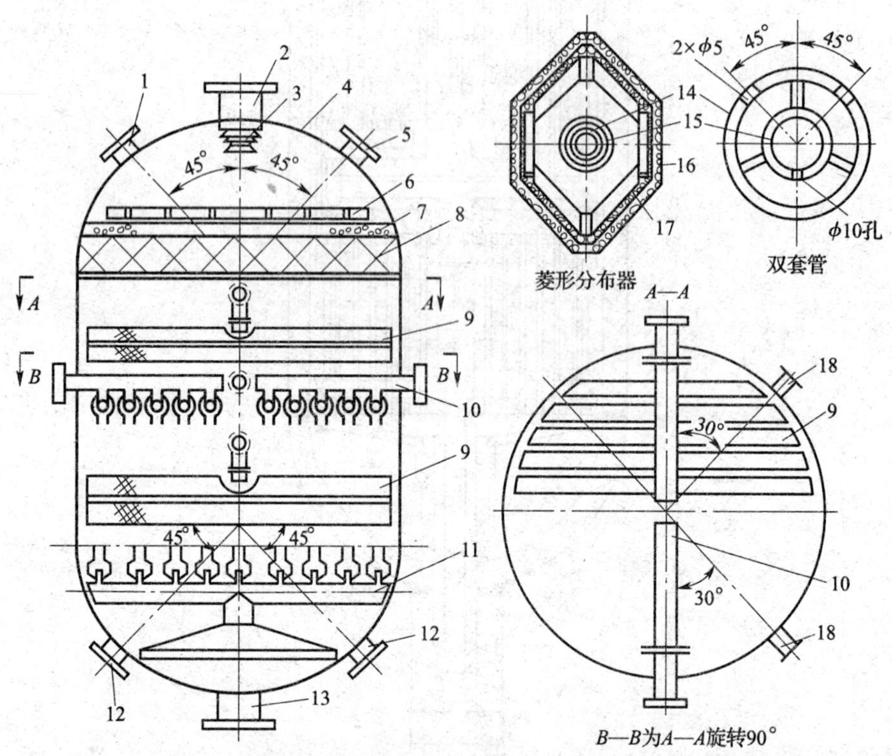

图4—5 低压法外部换热冷激式合成塔

1—人孔 2—反应器入口 3—气体喷头 4—塔体 5—催化剂装入口 6—栅格压板 7—结晶石英块 8—催化剂层 9—菱形分布器 10—冷凝气导气管 11—排气集气管 12—催化剂卸出口 13—反应气出口 14—外套管 15—内套管 16—外网 17—内网 18—热电偶套管

(1) 塔体

由于反应压力低，所以塔体不带外壳，为单层全焊结构，同时由于反应温度低，H_2和CO的腐蚀作用较弱，所以设备材质为含钼的低合金钢或普通碳钢。

(2) 气体喷头

由四层不锈钢的圆锥体组焊而成，并用四个螺栓固定于塔顶气体入口处，使气体均匀分布于塔内。此喷头还可以防止气流冲击催化剂层而损坏催化剂。

(3) 菱形分布器

在催化剂层的不同高度装有三组菱形分布器，它可以使冷激气体和热反应气体均匀混合，从而达到控制催化剂层温度的目的。菱形分布器由导气管和气体分布管两部分组成，用含钼低合金钢制成。

(4) 排气集气管

装于塔底部，共有九排并列的菱形室，室内无双重管。每排菱形室置于集气管的收集口上，且与集气管呈垂直装配。热的反应气体通过菱形室进入收集口汇合于集气管中，然后排出塔外。

(5) 性能特点

低压合成塔与高压合成塔相比，具有以下特点：

1) 塔内无催化剂筐内件，结构简单，制造容易，安装方便。

2) 塔内不设置热交换器，可充分利用反应空间。

3) 塔内阻力降低。

4) 催化剂装卸方便。

5) 低压法的生产能力较低，对大规模的工业装置不适合。

思考

高压法内部换热式合成塔和低压法外部换热冷激式合成塔有什么不同？

3. 反应器的材质

合成气中含有氢气和一氧化碳，氢气在高温、高压下会和钢材发生脱碳反应，大大降低钢材的性能。一氧化碳在高温、高压下易和铁发生作用生成五羰基铁，引起设备的腐蚀，并对催化剂有一定的破坏力。为了防止氢气和一氧化碳对反应器的腐蚀，故反应器的材质一般采用耐腐蚀的特殊不锈钢，如1Cr18Ni18Ti。

知识拓展

脱　　碳

氢气分子扩散到金属内部并和金属中所含的碳发生反应，生成甲烷逸出，这种现象称为脱碳。

四、工艺流程

1. 高压法

(1) 工艺流程

高压法合成甲醇的工艺流程图如图4—6所示。由多段压缩机送来的压力为31.39 MPa的新鲜原料气与循环压缩机4送来的循环气同时进入铁油分离器5，这两种气体中的油污、水雾及羰基化合物等杂质在此被除去，然后进入甲醇合成塔1，CO和H_2于29.4～31.39 MPa和633～693 K下，在锌—铬催化剂上反应生成甲醇。转化后的气体经塔内热交换器，与刚进入塔内的原料气换热后，温度降至433 K以下，甲醇含量约为3%。经塔内热交换器后的转化气体混合物，出塔后进入喷淋式冷凝器2。混合气体经冷凝，温度降至303～308 K，然后进入高压甲醇分离器3。从甲醇分离器出来的液体甲醇减压至0.98～1.57 MPa后送入粗甲醇中间槽6。由甲醇分离器出来的气体，压力降至30 MPa左右，送至往复式循环压缩机4，加压使气体循环。

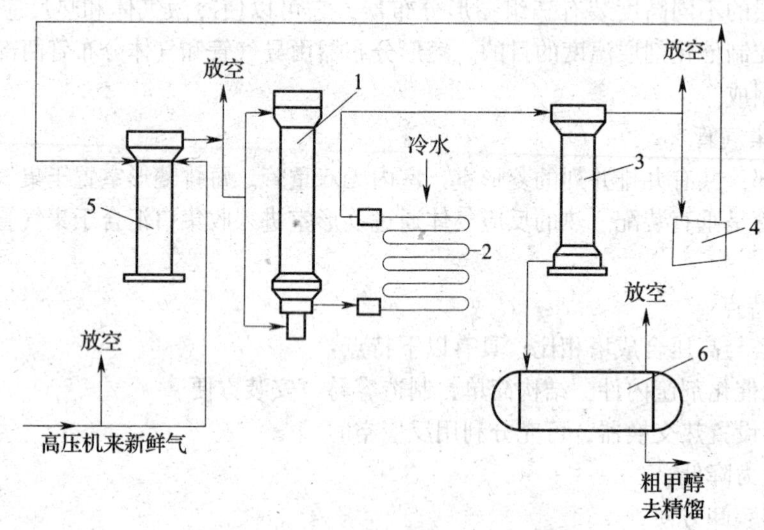

图4—6　高压法合成甲醇的工艺流程图

1—合成塔　2—喷淋式冷凝器　3—甲醇分离器

4—循环压缩机　5—铁油分离器　6—粗甲醇中间槽

为了避免惰性气体（N_2、Ar_2、CH_4等）在反应系统中积累，必须将部分循环气排出，使其中的惰性气体维持在15%～20%。

原料气体分两路进入合成塔，一路经主线（主阀）由塔顶进入并沿塔壁与内件之间的环隙流至塔底，再经塔内件下部的热交换器预热后，进入分气盒；另一路经副线（副阀）从塔底进入，不经热交换器而直接进入分气盒。在实际生产中可用副阀来调节催化剂层的温度，使氢与一氧化碳能在催化剂的活性温度范围内合成甲醇。

思考

1. 原料气为什么不能直接送入合成塔？
2. 在生产中如果不放空会出现什么后果？
3. 通过哪些方式可以调节合成塔的温度？

（2）异常现象及其处理方法

高压法合成甲醇的异常现象及其处理方法见表4—4。

表 4—4　　　　　　　　高压法合成甲醇的异常现象及其处理方法

序号	异常现象	发生原因	处理方法
1	催化剂层的温度突然剧烈下降，系统压力升高	（1）由于操作原因使甲醇分离器的液位过高，粗甲醇带入合成塔，分离效果差 （2）H_2/CO 值过高或过低	（1）开大排放粗甲醇阀，降低分离器液面；迅速减小循环气量，关闭塔副线阀，以抑制温度继续下降；注意系统压力，不能过高 （2）减小循环气量，关闭塔副线阀；通知送气、变换降低 H_2 与 CO 比例，并通知压缩岗位适当减小送气量；如催化剂层温度下降严重，可开电热炉升温
2	整个催化剂层温度分布不均匀	催化剂管或冷管泄漏严重	检查，停车检修、处理
3	催化剂同一平面上温差过大	（1）催化剂添加不均匀，松紧不一，引起催化剂层阻力不均匀 （2）合成塔身倾斜或内件安装时水平不准，造成催化剂倾斜，气流分布不均匀 （3）电炉与中心管的环隙间距不一致 （4）催化剂还原时受热不均，使部分催化剂过热而活性减退 （5）操作条件变化过大	（1）停车处理 （2）停车检修 （3）检查，停车检修 （4）停车处理 （5）减小负荷，缩小温差
4	催化剂温度上升，循环压缩机进出口压差下降	循环压缩机跳闸或进出口活门阀片破碎	开大塔副阀以维持温度，更换压缩机（如没有备用设备，可减小负荷或暂时停车）
5	循环压缩机进出口压差增大，但催化剂温度无变化	（1）循环压缩机带甲醇 （2）压缩系统内有未全开的阀门	（1）通知工作人员，迅速降低分离器液位，并开大循环压缩机副阀 （2）检查系统所有阀门，立即开大
6	合成塔出口温度过高	（1）塔副线阀门开得过大，热交换气量减少 （2）循环量过大 （3）负荷太重	（1）关小塔副线阀门 （2）加大循环气量，必要时适当提高惰性气体含量 （3）减小负荷
7	合成塔壁温度过高	（1）内件保温层质量不合要求 （2）外壳与内件之间的环隙太小 （3）循环气量太小，塔副线阀门开得过大	（1）停车更换 （2）停车检修 （3）加大循环气量，关小塔副线阀门

续表

序号	异常现象	发生原因	处理方法
8	电炉丝烧断	（1）气体倒流，催化剂粉末带至电炉上 （2）循环气量太小，使电炉丝温度过高 （3）电炉丝外绝缘太差，短路 （4）电炉丝质量不好	（1）在开电炉时，注意保证安全气量 （2）增大循环气量 （3）停车处理，安装高绝缘材料 （4）停车处理
9	粗甲醇中含有杂质太多	（1）H_2与CO比值降低，循环气中H_2/CO降到2.4～2.5 （2）催化剂表面积聚有类似灰尘的铁，被气体带入甲醇分离器 （3）合成气脱硫效果差	（1）调整H_2/CO至正常值 （2）更换催化剂 （3）加强脱硫操作

2. 低压法

图4—7所示是以天然气部分氧化法生产乙炔的尾气作原料，采用低压法合成甲醇的工艺流程图。典型的乙炔尾气组成见表4—5。

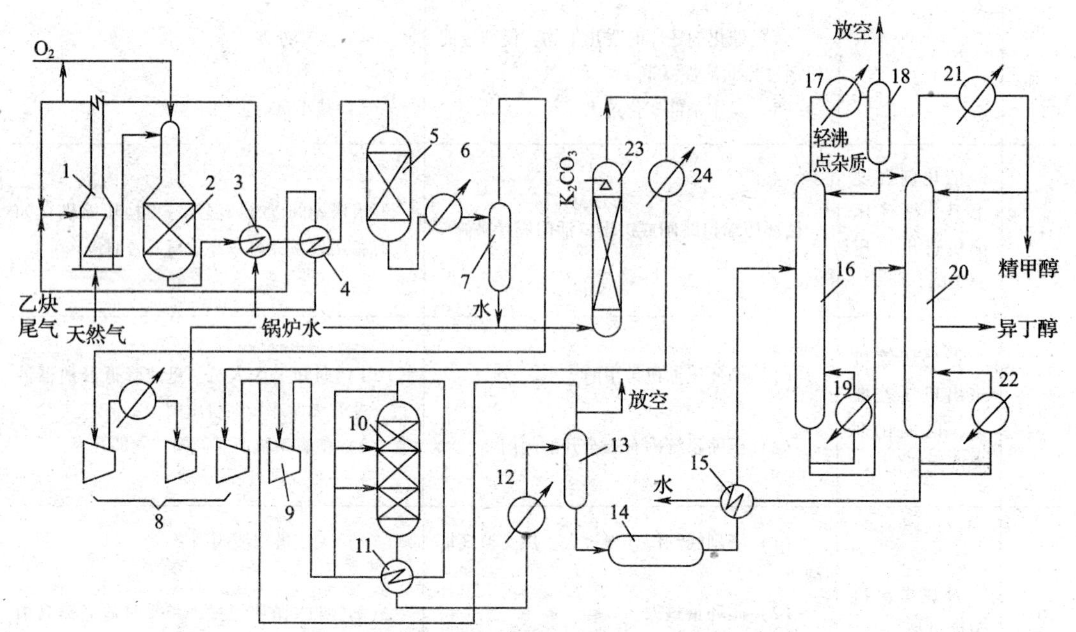

图4—7　低压法合成甲醇的工艺流程图

1—立式加热炉　2—尾气转化器　3—废热锅炉　4—加热器　5—脱硫器　6、12、17、21、24—冷凝器　7、13、18—分离器　8—合成气透平压缩机（三段）　9—循环气压缩机　10—甲醇合成塔　11—合成塔加热器　14—粗甲醇中间储槽　15—粗甲醇加热器　16—轻馏分精馏塔　19、22—再沸器　20—重馏分精馏塔　23—CO_2吸收塔

表 4—5　　乙炔尾气组成

组分名称	体积分数（%）	组分名称	体积分数（%）
CO	27.45	C_2H_2	0.05
H_2	60.10	C_2H_4	0.05
CO_2	3.89	O_2	0.1
N_2	1.32	CH_4	6.59

这个组成是合成甲醇的理想原料，若组成中 CH_4 浓度太高，合成时会影响 CO 和 H_2 的分压。可以通入氧气将其氧化，同时还可以增大 CO 和 H_2 的量。为了防止结炭并调节气体成分，还必须加入定量的水蒸气。碳与水蒸气会发生如下反应：

$$C + H_2O \longrightarrow CO + H_2$$

0.98 MPa 的乙炔尾气在加热器 4 中被转化气加热到 443 K，然后与水蒸气混合进入立式加热炉 1，蒸汽在加热炉的对流段加热到 573 K。尾气和蒸汽的混合气在加热炉的辐射段被加热到 673 K。送入的氧气与尾气、蒸汽混合后，进入装有镍催化剂的尾气转化器 2 中，转化温度控制在 1 173 K 左右，温度越高，残余甲烷的浓度越低。转化后气体经废热锅炉 3，回收热量以产生蒸汽，供转化和精馏工段使用。换热后的转化器温度仍在 573 K 左右，为获得热量，再将它经过加热器 4，用于加热乙炔尾气，然后进入含有氧化锌和氧化铝的脱硫器 5，脱硫温度保持在 473 K。脱硫后的气体（含硫不超过 0.5 mg/kg）经水冷、分离后进入合成气透平压缩机 8。从压缩机第三段出来的气体（压力控制在5.07 MPa 以下）与来自分离器 13 的循环气混合，经循环压缩机 9 压缩到 4.9 MPa 以上进入甲醇合成塔 10。

在合成塔中发生的主反应如下：

$$CO + 2H_2 \rightleftharpoons CH_3OH + 90.7\ kJ/mol$$

$$CO_2 + 3H_2 \rightleftharpoons CH_3OH + H_2O + 64.06\ kJ/mol$$

用 CO_2 合成甲醇时，要多消耗 33% 的氢，而这些氢又生成水，从而稀释了粗甲醇。尾气经转化后，含 CO_2 16% ~18%（体积分数），此浓度稍高，若不除去部分 CO_2，氢气必然不够。因此，在压缩机 8 二段后，将气体送入 CO_2 吸收塔 23，用 K_2CO_3 溶液吸收部分 CO_2，使合成气中 CO_2 保持在 10% ~12%（体积分数）。吸收了 CO_2 的 K_2CO_3 溶液用直接蒸汽再生后循环使用。

甲醇合成塔 10 中填充铜—锌—铬系催化剂，在压力 5.07 MPa 下操作，由于反应放热，必须及时移出热量。为此，在催化剂层之间直接加入冷原料气，控制温度在 513 ~543 K，否则催化剂的使用寿命将缩短。经合成反应后，气体中含甲醇 3.5% ~4%（体积分数），通入合成器加热器 11 以预热刚进塔的合成气，在冷凝器 12 中冷却后进入分离器 13。粗甲醇送入中间储槽 14，未反应的气体返回循环压缩机，为了防止惰性气体积累，需要放掉一部分循环气。

粗甲醇的含量为 80%，其余大部分是水。此外，还有轻馏分二甲醚及可溶性气体，重馏分酯、醛、酮、醇（主要为异丁醇）等。将它们送去轻馏分精馏塔 16，塔顶除去轻馏分，塔底物送去重组分精馏塔 20，塔顶引出产品甲醇，纯度可达 99.85%（质量分数），塔底为水，在接近塔釜的某一塔板处引出含异丁醇等杂醇油。

思考

1. 为什么要设置尾气转化器？
2. 脱硫器中装有哪些物质？为什么它们可以脱硫？
3. 如果没有 CO_2 吸收塔，甲醇生产会受到什么影响？

第四节　工业甲醇生产中有关物质的储运和安全生产管理

学习目标

通过学习本节，学习者应能达到下列目标：

熟记甲醇的储运要求和甲醇安全生产管理的措施。

一、工业甲醇的储运和安全生产管理

1. 甲醇的储运

甲醇应储存于阴凉、通风的仓库内，远离火种、热源，仓温不宜超过 303 K，防止阳光直射，保持容器密闭。甲醇应与氧化剂分开存放，禁止与酸类、酸酐、强氧化剂、碱金属等接触。储存间的照明、通风等设施应采用防爆型，开关设在仓外。配备相应品种和数量的消防器材。桶装堆垛不可过大，应留墙距、顶距、柱距及必要的防火检查通道。甲醇的储存一般采用大型固定式圆柱形槽，材质是普通碳钢，为防止铁离子污染甲醇，也可采用镀锌碳钢。

甲醇储槽应放置在阴凉处，并装配有喷淋装置和防止静电积聚的静电接地装置；储槽区要有防火、防雷和消防设施。消防设施采用水或抗溶性空气泡沫灭火器；储槽周围要有防护墙，防护墙内空间体积一般为储槽容积的 80%。由于甲醇着火点低，易燃易爆，所以在甲醇储槽内要用氮封保持微正压。气温升高时，用淋水冷却储槽，以防储槽发生事故。禁止使用易产生火花的机械设备和工具，灌装时应注意流速（不超过 3 m/s）。

2. 甲醇生产中的防护措施

生产现场必须装有通风设备和工业卫生设施。当空气中甲醇蒸气浓度超过允许浓度时，若短期操作应佩戴空气过滤式防毒面具，若须较长时间或在较高浓度的环境下操作，应佩戴长管式或隔离式防毒面具，还应穿相应防护服，戴化学安全防护眼镜和防护手套。

3. 甲醇泄漏处理措施

疏散泄漏污染区人员至安全区，禁止无关人员进污染区，切断火源，建议应急处理人员戴好防毒面具，穿一般消防防护服。不要直接接触泄漏物，在确保安全的情况下堵漏。喷水雾可减少蒸发，但不能降低泄漏物在受限制空间内的易燃性。用大量水冲洗，冲洗后的水排入废水系统，也可用沙土或其他不易燃的吸附剂混合吸收，然后使用无火花工具回收储存并运至废料堆处理。如大量泄漏，利用围堤收容，然后收集、转移、回收或经无害处理后废弃。

二、氢气的安全生产

1. 氢气的燃烧爆炸危险性

氢气为易燃气体，闪点小于 223 K，爆炸低限为 4.1%，高限为 74.1%，自燃温度为

673 K，与空气混合能形成爆炸混合物，遇明火、高热能引起燃烧爆炸，比空气轻，在室内使用和储存时，漏气上升滞留屋顶不易排除，遇火星会引起爆炸，与氟、氯等能发生剧烈的化学反应。根据危险化学品分类，甲醇属 2.1 类。

灭火方法：切断气源。若不能立即切断气源，则不允许熄灭正在燃烧的气体，应喷水冷却容器，可能的话将容器从火场移至空旷处，用雾状水、二氧化碳灭火。

2. 氢气的储运

氢气是易燃压缩气体，应储存于阴凉、通风仓库内，仓温不宜超过 303 K，远离火种、热源，防止阳光直射。应与氧气、压缩空气、卤素（氟、氯、溴）、氧化剂等分开存放，切忌混储混运。储存间的照明、通风等设施应采用防爆型，开关设在仓外。配备相应品种和数量的消防器材。禁止使用易产生火花的机械设备和工具。验收时要注意品名，注意验瓶日期，先进仓的先发用。搬运时轻装轻卸，防止钢瓶和附件破损。

3. 生产中氢气的防护

密闭操作，提供良好的通风条件；高浓度环境中，佩戴供气式呼吸器或自给式呼吸器。工作场所严禁吸烟，避免高浓度吸入，穿工作服，进入罐或其他高浓度区作业须有人监护。

4. 氢气泄漏处理措施

将泄漏污染区人员迅速撤离至上风口，并隔离直至气体散尽，切断火源。建议应急处理人员戴自给式呼吸器，穿一般消防防护服。切断气源，抽排（室内）或强力通风（室外），如有可能，将漏出气用排风机送至空旷处或装设适当喷头烧掉。漏气容器不能再用，且要经过技术处理以清除可能剩下的气体，允许气体安全地扩散到大气中。

三、一氧化碳的安全生产

1. 燃烧爆炸危险性

一氧化碳为易燃气体，闪点低于 223 K，爆炸低限为 12.5%，高限为 74.2%，自燃温度为 883 K，与空气混合能形成爆炸混合物，遇明火、高热能引起燃烧爆炸。若遇高温，容器内压增大，有开裂和爆炸的危险。

灭火方法：切断气源。若不能立即切断气源，则不允许熄灭正在燃烧的气体，应喷水冷却容器，可能的话将容器从火场移至空旷处，用雾气水、泡沫、二氧化碳灭火。

2. 一氧化碳的储运

一氧化碳是易燃有毒的压缩气体，应储存于阴凉、通风仓库内，仓温不宜超过 303 K，远离火种、热源，防止阳光直射。应与氧气、压缩空气、氧化剂等分开存放，切忌混储混运。储存间内的照明、通风等设施应采用防爆型，开关设在仓外，配备相应品种和数量的消防器材。禁止使用易产生火花的机械设备和工具。验收时要注意品名，注意验瓶日期，先进仓的先发用。搬运时轻装轻卸，防止钢瓶及附件破损。运输按规定路线行驶，勿在居民区和人口稠密区停留。

3. 生产中一氧化碳的防护

严加密闭，提供充分的局部排风和全面排风，生产、生活用气必须分路。工作场所严禁吸烟。工人应进行就业前和定期的体检，进入罐或其他高浓度区作业须有人监护。

（1）呼吸系统防护

空气中一氧化碳浓度超标时，必须佩戴防毒面具，紧急事态下抢救或逃生时，建议佩戴正压自给式呼吸器。

（2）眼睛防护

一般不需要特殊防护，高浓度接触时可戴安全防护眼镜。

4. 一氧化碳泄漏处理措施

将泄漏污染区人员迅速撤离至安全区，并隔离直至气体散尽，切断火源。建议应急处理人员戴正压自给式呼吸器，穿一般消防防护服。切断气源，喷雾状水稀释、溶解、抽排（室内）或强力通风（室外），如有可能，将漏出气用排风机送至空旷处或装设适当喷头烧掉，也可用管路导至炉中、凹地焚烧。漏气容器不能再用，且要经过技术处理以清除可能剩下的气体。

该物质对环境有危害，应特别注意对地表水、土壤、大气和饮用水的污染。处置前参阅国家和地方有关法规，允许气体安全地扩散到大气中，用控制焚烧法处置。

四、甲烷的安全生产

1. 甲烷的燃烧爆炸危险性

甲烷为易燃气体，闪点低于85 K，爆炸低限为5.3%，高限为15%，自燃温度为811 K，与空气混合能形成爆炸混合物，遇明火、高热能引起燃烧爆炸。与氟、氯等能发生剧烈的化学变化，若遇高热，容器内压增大，有开裂和爆炸的危险。

根据危险化学品分类，甲烷属2.1类。

灭火方法：切断气源。若不能立即切断气源，则不允许熄灭正在燃烧的气体，需要喷水冷却容器。可能的话将容器从火场移至空旷处，用雾状水、泡沫、二氧化碳灭火。

2. 甲烷的储运

甲烷是易燃压缩气体。储存于阴凉、通风仓库内，仓温不宜超过303 K，远离火种、热源，防止阳光直射。应与氧气、压缩空气、卤素（氟、氯、溴）、氧化剂等分开存放，切忌混储混运。储存间的照明、通风等设施应采用防爆型，开关设在仓外。配备相应品种和数量的消防器材。罐储要有防火防爆技术措施，露天储罐夏季要有降温措施。禁止使用易产生火花的机械设备和工具。验收时要注意品名，注意验瓶日期，先进仓的先发用。搬运时轻装轻卸，防止钢瓶及附件破损。

3. 甲烷的防护

穿工作服，工作场所严禁吸烟，避免长期反复接触，进入罐或其他高浓度区作业需有人监护。

4. 甲烷泄漏处理措施

将泄漏污染区人员迅速撤离至上风口，并隔离直至气体散尽，切断火源。建议应急处理人员戴自给式呼吸器，穿一般消防防护服。切断气源，喷雾状水稀释、溶解、抽排（室内）或强力通风（室外），如有可能，将漏出气用排风机送至空旷处或装设适当喷头烧掉，也可以将漏气的容器移至空旷处，注意通风。漏气容器不能再用，且要经过技术处理以清除可能剩下的气体。

该物质对环境有危害，应给予特别注意，避免发生对地表水、土壤、大气和饮用水的污染，允许气体安全地扩散到大气中或作为燃料使用。

知识拓展

甲醇生产中有关毒物的中毒特征及现场基本处理

一、甲醇的中毒特征及现场基本处理

1. 甲醇中毒特征

甲醇中毒的症状是恶心、呕吐、全身青紫、痉挛、呼吸困难、脉搏微弱、瞳孔反应消失而失明，进而呼吸停止而死亡。

急性中毒：表现以神经系统症状、酸中毒和视神经炎为主，可伴有黏膜刺激症状，病人有头痛、头晕、乏力、恶心、狂躁不安、神经失调、眼痛、复视或者视物模糊，对光反应迟钝，可因视神经炎的发展而失明等。

慢性中毒：主要为神经系统症状，有头晕、无力、眩晕、震颤性麻痹及视神经损害。

生产中接触甲醇的限制浓度为 71.4 mg/m^3。

2. 现场基本处理

(1) 迅速将患者移离中毒现场，脱去污染的衣服。受污染的眼睛及皮肤用清水和2%的碳酸氢钠溶液清洗。经口中毒者应立即用1%的碳酸氢钠溶液彻底洗胃并催吐，导泻可用硫酸钠。

(2) 镇静、保暖及保持呼吸畅通，必要时给氧气。

(3) 用纱布遮盖两眼，避免光刺激。

二、氢气的毒性及现场基本处理

1. 氢气的毒性

在很高浓度时，由于正常氧分压的降低造成窒息；在很高的分压下，可出现麻醉作用。

2. 现场基本处理

吸入时，迅速脱离现场至空气新鲜处，保持呼吸道畅通。呼吸困难时给输氧，呼吸停止时，立即进行人工呼吸，就医。

三、一氧化碳的中毒特征及现场基本处理

1. 一氧化碳中毒特征

一氧化碳在血液中与血红蛋白结合而造成组织缺氧。在很高浓度时，由于正常氧分压的降低造成窒息；在很高的分压下，可能出现麻痹作用。生产中接触限制浓度为 37.5 mg/m^3。

急性中毒：轻度中毒出现头痛、头晕、耳鸣、心悸、恶心、呕吐、无力。

中度中毒：除上述症状外，还有血色潮红、脉快、烦躁、步态不稳、意识模糊、昏迷。

重度中毒：昏迷不醒、瞳孔缩小、肌张力增加、频繁抽搐、大小便失禁等。重度中毒可致死。

慢性影响：长期反复吸入一定量的一氧化碳可致神经和心血管系统损害。

2. 现场基本处理

迅速将患者脱离现场至空气新鲜处，松开衣领，保持呼吸道畅通，注意保暖。呼吸困难时给输氧，呼吸停止时，立即进行人工呼吸，就医。

四、甲烷的中毒特征及现场基本处理

1. 甲烷的中毒特征

空气中甲烷浓度过高，能使人窒息，当空气中甲烷达25% ~30%时可引起头痛、头晕、乏力、注意力不集中、呼吸和心跳加速、精细动作障碍等，甚至因缺氧而窒息、昏迷。生产中接触限制浓度为214.3 mg/m^3。

2. 现场基本处理

迅速脱离现场至空气新鲜处，保持呼吸道畅通，呼吸困难时给输氧，若有冻伤或呼吸停止时，立即进行人工呼吸，就医治疗。

思考练习题

1. 简述甲醇的主要性质与用途。

2. 简述一氧化碳加氢合成甲醇的反应原理。

3. 试分析温度、压力、原料气的组成、原料气的纯度及空间速率的变化对一氧化碳加氢合成甲醇反应的影响。

4. 简述高压法合成塔的结构组成并写出各个部件的作用。

5. 简述低压法合成塔的结构组成并写出各个部件的作用。

6. 绘制高压法生产甲醇的工艺流程图，并在工艺流程图上注明各个设备的作用。在绘制的工艺流程图中注明重要设备的主要工艺指标，分析工艺指标的变化对生产有什么影响？

7. 在绘制的高压法生产甲醇工艺流程图中分析哪些设备内可能会发生异常现象？这些异常现象是什么？判断这些异常现象的产生原因并找到处理办法。

8. 绘制低压法生产甲醇的工艺流程图，并在工艺流程图上注明各个设备的作用。在绘制的工艺流程图中注明重要设备的主要工艺指标，分析工艺指标的变化对生产有什么影响？

9. 简述甲醇的储运要求。

10. 在甲醇生产过程中，如何防止甲醇燃烧和爆炸？

11. 在甲醇生产过程中，如何做好人身防护？

第五章　甲醛的生产

第一节　甲醛的性质及用途

学习目标

通过学习本节，学习者应能达到下列目标：

熟记甲醛的主要性质与用途。

一、甲醛的性质

1. 物理性质

甲醛俗称蚁醛，分子式为 HCHO（结构式：$H-\overset{\overset{\large H}{|}}{C}=O$ ），常温下是无色可燃气体，是具有强烈刺激性的窒息性气体，对人的眼、鼻有刺激作用。

甲醛气体的相对密度为 1.067（$\rho_{空气}=1$），甲醛液体的相对密度为 0.815（253 K）。

甲醛沸点为 254 K，常压下冷却到 254 K 时可得到液体甲醛，冷却到 155 K 时凝成固体。甲醛蒸气可与空气形成爆炸性混合物，爆炸极限 7% ~73%（体积分数）。

甲醛易溶于水，能与水形成各种浓度的溶液，溶液的浓度可高达 55%，浓度为 37% ~40%（质量分数）的甲醛水溶液俗称福尔马林。

知识拓展

福 尔 马 林

福尔马林的用途相当广泛。在医药上因甲醛能与蛋白质的氨基结合，使蛋白质凝固，因此用它作为检验时的组织固定剂、防腐剂及消毒剂。福尔马林在工业上常用作黏着剂、染剂和涂料等。畜牧业也常利用福尔马林搭配高锰酸钾来进行寮舍或鸡蛋孵化前的甲醛熏烟消毒。福尔马林还可以用于治疗鱼病，将福尔马林按比例稀释于水中，可以激活疲惫鱼只，使其更加活跃。福尔马林在纤维制品中主要用作染色助剂以及提高防皱、防缩效果的树脂整理剂。

甲醛是一种高毒物质，进入人体后有一定潜伏期（一般为 3 ~15 年），危害性持久，难以预防。甲醛具有强烈的致癌和促癌作用，在我国有毒化学品优先控制名单上居第二位，被称为居室的“隐形杀手”。经常吸入少量甲醛，能引起慢性中毒，出现黏膜充血、皮肤刺激症、过敏性皮炎、指甲角化和脆弱、甲床指端疼痛，全身症状有头痛、乏力、胃纳差、心悸、失眠、体重减轻以及植物神经紊乱等。

注意

吸入高浓度甲醛后，会出现呼吸道的严重刺激和水肿、眼刺痛、头痛，也可发生支气管哮喘。当室内空气中甲醛含量为0.6 mg/m^{3}时，会致人死亡。皮肤直接接触甲醛，可引起皮炎、色斑、皮肤坏死。

2. 化学性质

甲醛分子中含有碳氧双键（C═O），化学反应能力强，能和很多物质发生反应。甲醛的化学反应主要有聚合、缩聚和加成反应。

甲醛易发生聚合，在不同条件下生成不同的聚合物。气体甲醛在常温下或甲醛水溶液在浓缩时均能自动聚合，生成白色粉末状聚甲醛。聚甲醛加热时可分解成气态甲醛。

把甲醛蒸气通入水中，在一定条件下可得到三聚甲醛。三聚甲醛性能稳定，在水中解聚很慢，但在强酸（硫酸、盐酸等）存在下，三聚甲醛加热分解生成粉状甲醛。三聚甲醛也可由60%的甲醛水溶液，在硫酸存在下蒸馏得到，这是生产聚甲醛塑料的重要途径。

甲醛的缩合反应种类较多，甲醛与苯酚或尿素缩聚可制得酚醛树脂或尿醛树脂，甲醛与氨缩合可制得六亚甲基四胺（乌洛托品）。

知识拓展

乌洛托品

乌洛托品主要用作树脂和塑料的固化剂、氨基塑料的催化剂和发泡剂、橡胶硫化的促进剂（促进剂H）、纺织品的防缩剂等。乌洛托品是有机合成的原料，在医药工业中用来生产氯霉素。乌洛托品可用作泌尿系统的消毒剂，其本身无抗菌作用，对革兰氏阴性细菌有效。其20%的溶液可用于治疗腋臭、汗脚、体癣等。它与氢氧化钠和苯酚钠混合，可作防毒面具中的光气吸收剂，并用于制造农药杀虫剂。乌洛托品与发烟硝酸作用，可制得爆炸性极强的旋风炸药，简称RDX。乌洛托品还可作为测定铋、铟、锰、钴、钍、铂、镁、锂、铜、铀、铍、碲、溴化物、碘化物等的试剂和色谱分析试剂等。

甲醛与异丁烯作用获得异戊二烯，它是合成橡胶的重要原料。

由于甲醛的化学性质活泼，其分子很不稳定，不利于储存、运输和加工。

二、甲醛的用途

甲醛是一种重要的化工原料，在工业上有广泛的应用，除作为产品使用外，更多的是把它作为原料来制取化工产品。

1. 甲醛和苯酚或尿素缩合成酚醛树脂或脲醛树脂。酚醛树脂广泛用于制造各种电器材料，也用来生产各种用途的油漆和化工生产用的耐腐蚀性材料等。

2. 生产聚甲醛塑料和聚甲醛树脂。

3. 用作合成橡胶和合成纤维的原料。

4. 生产乌洛托品和炸药。乌洛托品与浓硝酸反应生成高效烈性炸药三次甲基三硝胺。

5. 在农业、医药部门及日常生活中，甲醛用作杀虫剂和杀菌剂，如医药部门用福尔马林作消毒剂。

6. 甲醛还可作为染料、医药工业的原料。

即学即练

通过互联网查找甲醛的性质与用途，除了互联网还可以通过哪些方式获得甲醛的性质与用途的相关知识？

思考

1. 甲醛蒸气可以用水吸收吗？

2. 假设合成甲醛的温度为750 K，此时生成的甲醛是液体还是气体，此时它是否需要冷凝？为什么？

3. 甲醛是有毒有害、易燃易爆的物质，在生产过程中该如何预防事故的发生呢？

第二节　甲醛的生产方法

学习目标

通过学习本节，学习者应能达到下列目标：

1. 熟记甲醇氧化脱氢法生产甲醛的反应原理，说明各个影响因素变化对甲醇氧化脱氢反应的影响。

2. 识别氧化反应器的结构，说明氧化反应器各个部件的作用。

3. 叙述（绘制）甲醇氧化脱氢法生产甲醛的工艺流程，说明工艺流程中各个设备的作用，说明工艺流程中重要设备上的主要工艺指标变化对生产的影响。

4. 判断和处理甲醛生产过程中出现的异常现象。

一、甲醛的生产方法简介

生产甲醛的方法主要有天然气直接氧化法和甲醇氧化法，目前工业上大量采用的是甲醇氧化法。

1. 天然气直接氧化法

原料天然气（或煤矿瓦斯气）与空气混合后，于873～953 K下在铁、钼等金属氧化物催化剂的作用下，一步氧化得到甲醛。用水吸收后得到80%左右的甲醛液，反应式如下：

$$CH_4 + O_2 \xrightarrow{\text{催化剂}} HCHO + H_2O$$

2. 甲醇氧化法

甲醇、空气和水在873～973 K通过浮石银催化剂或其他固体催化剂，如铜、五氧化二钒等（以银法和铜法占优势），直接氧化生产甲醛，用水吸收甲醛液，收率以甲醇计为85%～90%，反应式如下：

$$CH_3OH + \frac{1}{2}O_2 \xrightarrow{\text{催化剂}} HCHO + H_2O$$

这种方法技术成熟，收率高，产品纯度高。

甲醇氧化法生产甲醛有三种途径，分别是甲醇氧化脱氢、甲醇单纯氧化和甲醇单纯脱氢。甲醇氧化脱氢、甲醇单纯氧化是目前工业上主要采用的合成甲醛的方法。甲醇单纯脱氢用来制取无水甲醛，这种方法生成的产物甲醛和氢气容易分离，避免了甲醛水溶液的浓缩蒸发，从而降低了能耗。甲醇单纯脱氢将成为最有工业前途的无水甲醛制备方法。本书只介绍甲醇氧化脱氢法生产甲醛。

二、甲醇氧化脱氢法生产甲醛

1. 反应原理

从甲醇制取甲醛，工业上按所用催化剂的不同，可分为两种方法：一种是以金属银为催化剂，简称银法；另一种是以铁、钼、钒等金属氧化物为催化剂，简称为铁钼法。使用银法时，原料混合气中甲醇的操作浓度高于爆炸上限（大于36%），即在甲醇过量和较高温度下操作。银法的优点是工艺成熟，设备和动力消耗均比铁钼法小，缺点是反应产率比铁钼法低。使用铁钼法时，原料混合气中甲醇浓度低于爆炸下限（小于6.7%），即在含有过量空气的情况下操作，由于空气过剩，甲醇几乎被全部氧化。铁钼法的优点是反应温度较低，副反应少，产率高。缺点是设备庞大，动力消耗大。

目前国内生产甲醛主要采用银法。

甲醇、空气和水蒸气进入反应器后，在银催化剂作用下，主要发生下列三个反应：

$$CH_3OH + \frac{1}{2}O_2 \longrightarrow HCHO + H_2O + 159.1\ kJ/mol \quad ①$$

$$CH_3OH \rightleftharpoons HCHO + H_2 - 284.2\ kJ/mol \quad ②$$

$$H_2 + \frac{1}{2}O_2 \longrightarrow H_2O + 248.2\ kJ/mol \quad ③$$

反应开始时，先用电热丝加热经预热后进入反应器的原料混合气，当混合气温度升高到473 K左右时，甲醇氧化反应①开始进行。它是一个放热反应，放出的热量使催化剂层温度逐渐升高，催化剂层温度升高又促使反应①不断加快。点火后催化剂层的温度上升非常迅速。

甲醇脱氢反应②在低温下几乎不进行，当催化剂层温度达873 K左右时，它就成为生成甲醛的主要反应之一。反应②是可逆反应，当反应③发生时（即原料混合气中的氧与反应②生成的氢化合为水），可使反应②不断向生成甲醛的方向移动，从而提高了甲醇的转化率。反应②是一个吸热反应，故它有利于控制催化剂层的温度升高。

反应①与反应③所放出热量，除满足反应②所需、反应气体的升温和反应器向周围环境散失的热量外，还有富余。因此，生产上把水蒸气引入原料混合气中，利用它将多余的热量从反应系统中移去，使反应正常进行。

甲醇氧化过程中除上述反应外，还会发生一些副反应，如甲醇深度氧化生成二氧化碳和水；甲醇加氢生成甲烷和水；生成的甲醛进一步氧化为甲酸，在高温下甲酸又会分解为一氧化碳和水。这些副反应都会消耗原料，降低甲醛收率。为了减少副反应的发生，必须严格控制反应温度、进入反应器的气体组成、原料的纯度、接触时间等，同时还要求正确地选择设备材料。

思考

甲醇氧化脱氢制取甲醛时，在原料气混合气中甲醇的浓度可以为30%吗？为什么？

2. 催化剂

生产甲醛的催化剂大量采用的是银和铁—钼氧化物，而银催化剂用得最多，常见的有浮石银和电解银两种。不同催化剂的性能参数比较见表5—1。

表 5—1　不同催化剂的性能参数比较

性能参数 / 催化剂种类 / 项目	浮石银	电解银	铁－钼氧化物
甲醇转化率（%）	82～87	92～96	97～98
甲醇产率（%）	74～80	82～90	90～94
甲醇单耗（kg/t）	490～530	440～480	420～440
甲醇含量（%）	5～8	1～4	0～1
甲醛浓度（%）	37	37～55	37～58
反应温度（K）	913～1 013	853～953	623

（1）浮石银催化剂的制备

先将浮石用硝酸银溶液浸泡，然后高温焙烧使硝酸银分解，让银附载于浮石上即制得浮石银催化剂。

（2）电解银催化剂的制备

电解银催化剂的制备是将银含量为 99.9% 的原料银作为阳极，在硝酸银电解液中进行电解。阳极银发生氧化反应生成银离子，不断溶解于电解液体，而阴极不断还原银离子为金属银并以微小颗粒沉积于阴极表面。

这种方法制备的银粒称为电解银，它是一种晶态银，活性表面积比较大，而且纯度高，所以具有很好的催化性能，但电解银非常疏松，高温下极易溶解变形，所以必须进行热处理和造粒，才能适用于催化反应。

电解银催化剂的一般要求如下：经过电解纯化的催化剂，其银含量应达到 99.99% 以上，铁含量应低于 7.5 mg/m^3，钙、镁含量总和应低于 14.3 mg/m^3，氯、硫应为恒量。电解银的外观应呈银白色、有光泽。为了使催化剂有足够的透气性，成形的电解银粒度为 6～40 目。

另外，向电解银催化剂中加入磷化合物，制得银—磷催化剂，可以使甲醛的产率提高到 91.5%，使催化剂具有更好的催化活性和使用寿命。

3. 影响氧化的因素

（1）温度

升高温度对于脱氢反应有利，但温度过高容易引起深度氧化和产品分解，甚至使催化剂银熔融结块而降低活性。在使用浮石银作催化剂时，最适宜的反应温度为 913～933 K。反应温度可由通入反应区的冷却水量、进入反应器的气体混合物的组成和用量来控制。

（2）原料气组成

进入反应器的混合气体组成，对反应结果和过程的控制有很大影响。第一，甲醇与空气的比例应该在爆炸范围以外，如反应温度很高，局部区域温度可能更高，容易引起混合物的燃烧和爆炸。第二，甲醇与空气的比例要适当，甲醇与空气的比例取决于甲醇氧化反应和甲醇脱氢反应进行的比例。如比例不当，会引起反应器温度的波动。如空气的用量过多，大量的氢被氧化，增大了放热效应，使催化剂层的温度过高；当空气用量过少时，反应产生的热量不能补偿脱氢所需的热量，导致催化剂温度迅速降低。通常每升甲醇蒸气和空气混合物中含甲醇约 0.5 g。第三，水蒸气的存在对反应是有利的，它能带走部分反应热，避免催化剂层过热，并可增加甲醛的产率。因此在甲醇原料中最好加入 10%～20% 的水进行稀释（蒸发器中的甲醇浓度为 80% ~90%）。在生产中，为了避免甲醇蒸气泄漏，往往采用负压操作，这时，蒸发器的温度应在 323 K 左右。如蒸发器在有压力的情况下操作，其温度则应适当地提高。

（3）原料的纯度

原料气体中的杂质会严重地影响催化剂的活性。当甲醇含硫时，它会与催化剂形成不具活性的硫化银；含醛酮时，醛酮会发生树脂化，甚至形成碳覆盖于催化剂表面；含五羰基铁时，五羰基铁会在操作条件下析出铁，沉积在催化表面，促进甲醛的分解。因此对原料纯度应有严格的要求。空气应过滤以除去固体杂质，并在填料塔中用碱液（NaOH 或 Na_2CO_3）洗涤除去 SO_2和 CO_2。为了除去五羰基铁，在原料进入反应器前，要在 473 ~573 K 的温度条件下，将蒸汽和气体混合物通过充满石英或瓷片的设备进行过滤。

即学即练

甲醛氧化脱氢的最佳温度是______________，原料气组成中每升甲醇蒸气和空气混合物中含甲醇______，在甲醇原料中最好加入________。原料气中还应除去__________________________等杂质。

4. 反应设备

氧化器的结构如图 5—1 所示。它由三部分组成，上部是催化剂室，中间为急冷段，下段为冷却段，三段直径一致。原料气（甲醇、空气和水蒸气组成的混合气）从氧化器的入口管进入，在气体入口处连接一锥形的顶盖，使气体分布均匀。甲醇蒸气、空气和水蒸气的混合物在置于隔板铜网上的催化剂层中进行反应。为了防止催化剂层过热，在催化剂层中装有冷却蛇管，通入冷水以带出部分反应热。在开车时，用电引火管来引发反应，以后的反应能借助反应热自动进行。反应情况可通过视孔观察。

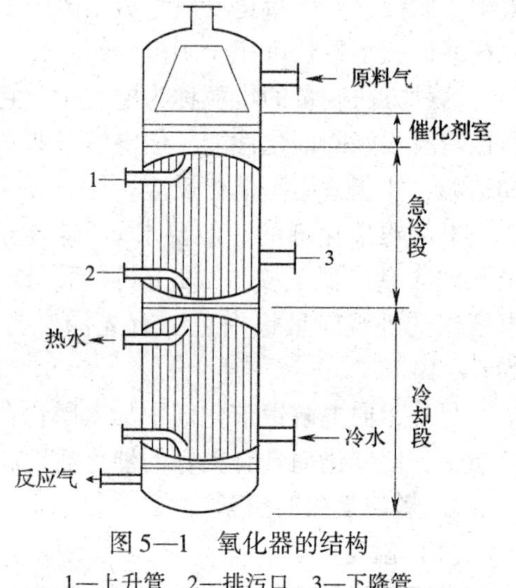

图 5—1　氧化器的结构
1—上升管　2—排污口　3—下降管

急冷段是一个换热器，上端与催化剂室相连，下端通过法兰与冷却管相连，反应后的气体在此迅速冷却到 433 ~473 K，避免甲醛长时间处于高温而发生分解。急冷后的反应气在冷却段被进一步冷却到 373 ~403 K，但甲醛也不能冷却到过低的温度，以免甲醛聚合，造成聚合物堵塞管道。反应气体自上而下走管程，冷却水自下而上走壳程。

由于铁能促进甲醛分解，因此生产甲醛的设备和管道应尽量避免使用铁制件，例如蒸发器是不锈钢或铜制的。在反应器内，所有与气体接触的地方都用纯铜制成。反应器以后的所有设备和管道都由铝制成。

知识拓展

蒸　发　器

蒸发器的结构如图 5—2 所示，主要由空气进口管、加热列管、中央循环管、蒸发室和除沫器构成。

甲醇蒸发有两种形式：一是甲醇液体受热后，表面分子向上部空间逸出；二是加热管内的甲醇被来自下端的空气搅动，甲醇液体分子扩散到空气气泡中，被气泡带出加热管，汇集到上部空间，形成甲醇蒸气和空气的混合气体，蒸发器中并未达到甲醇的沸点。

空气从蒸发器的下部进入空气分配器中，空气分配器为多边形圆筒体，其下部有数排小孔，空气从小孔鼓向蒸发器底部搅动甲醇，然后反向上升，穿过筛板小孔形成气泡，在从列管的管内上升至蒸发室空间，带出的甲醇蒸气在蒸发室中形成空气和甲醇混合气，它继续上升至除沫器，除去夹带的甲醇液体后，从混合气出口输出。

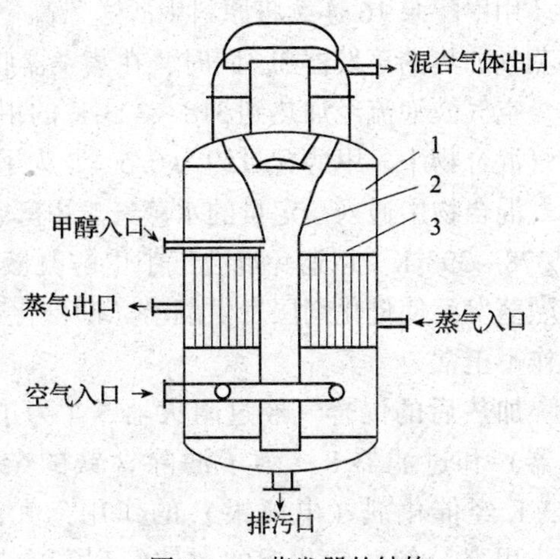

图 5—2　蒸发器的结构

1—蒸发室　2—中央循环管　3—除沫器

5. 工艺流程

甲醇氧化制甲醛的工艺流程图如图 5—3 所示。

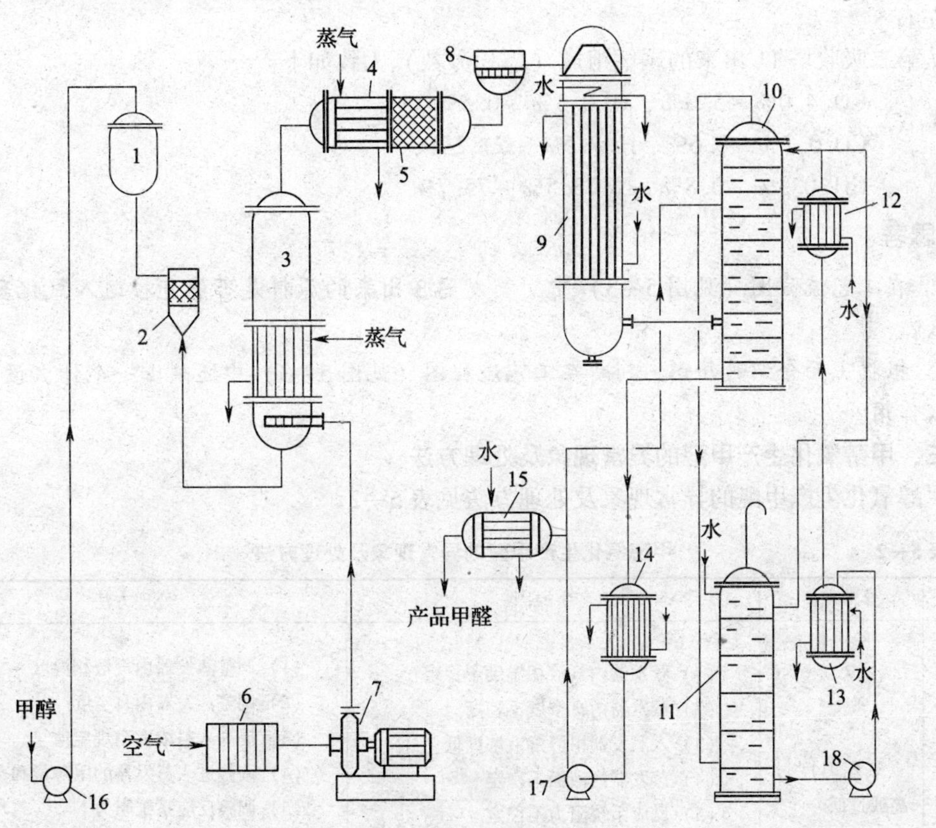

图 5—3　甲醇氧化制甲醛的工艺流程图

1—高位槽　2、8—过滤器　3—蒸发器　4—过热器　5—阻火器　6—空气过滤器　7—鼓风机　9—氧化器　10—第一吸收塔　11—第二吸收塔　12、13、14、15—冷却器　16—甲醇泵　17、18—循环泵

用甲醇泵 16 连续将原料甲醇送入高位槽 1，甲醇以一定量流经过滤器 2，然后进入用间接蒸气加热的蒸发器 3，同时，在蒸发器底部由鼓风机 7 送入除掉灰尘及其他杂质的定量空气。空气鼓泡流经加热到 318 ~ 323 K 的甲醇层时，被甲醇蒸气所饱和，即每升甲醇蒸气和空气混合物中，甲醇含量约为 0.5 g。为了控制氧化器 9 内的温度，在蒸发后的甲醇蒸气和空气混合物中通入一定量的水蒸气。甲醇、空气和水蒸气的混合气还需通过过热器 4，加热到 378 ~ 393 K，以避免混合气中甲醇凝液存在。如甲醇液体进入催化剂层，甲醇液体会因猛烈蒸发而使催化剂层发生翻动（即催化剂的“翻身”），从而破坏催化剂层的均匀，造成操作不正常。

加热后的混合气经过阻火器 5（为了阻止氧化器中可能发生燃烧时不涉及后部的蒸发器）和过滤器 8（为了滤除含铁的杂质），在 378 ~ 393 K 进入氧化器 9，在 653 ~ 923 K 经催化剂（电解银）的作用，大部分甲醇转化为甲醛。为控制副反应的发生并防止甲醛分解，转化后的气体经列管冷却器骤冷到 373 ~ 403 K，然后进入第一吸收塔 10 吸收大部分甲醛，未被吸收的气体由塔顶引出，进入第二吸收塔 11 的底部，气体被从塔顶加入的一定量的冷却水吸收。从第二吸收塔塔底采出稀甲醛溶液，由循环泵 18 打入第一、第二吸收塔，作为吸收剂的一部分。从第一吸收塔塔底引出的吸收液经冷却器 14、15 冷却后，即为含 10% 甲醇的甲醛水溶液。甲醇的存在可防止甲醛聚合，甲醛产率为 80% 左右。

从第二吸收塔 11 出来的尾气组成（体积分数）大致如下：

CO_2 4.0% ~5.0%，O_2 0.3% ~0.5%，

CO 0.2% ~0.6%，H_2 7.5% ~21.2%，

CH_4 0.3% ~0.8%，N_2 73.5% ~75.7%。

思考

1. 在工艺流程图（见图 5—3）中，蒸发器 3 出来的原料是否能直接送入氧化器 9 中，为什么？

2. 根据上面介绍的知识，判断在工艺流程图（见图 5—3）中还缺少一个什么设备，它起什么作用？

三、甲醇氧化生产甲醛的异常现象及处理方法

甲醇氧化生产甲醛的异常现象及处理方法见表 5—2。

表 5—2　　甲醇氧化生产甲醛的异常现象及处理方法

序号	异常现象	产生原因	处理方法
1	氧化温度过高或过低	（1）蒸发器内气液相温度不稳定 （2）蒸发器内真空度不稳定 （3）入蒸发器甲醇溶液浓度低 （4）蒸发器内液面不稳定 （5）反应系统阻力不稳定 （6）水压不稳 （7）蒸气压力、流量不稳	（1）调整蒸发器内气液相温度 （2）调整蒸发器内真空度 （3）提高入料浓度至规定值 （4）调整进入蒸发器的甲醇量和蒸发量 （5）调整反应系统阻力 （6）稳定水压至规定值 （7）检查仪表，稳定蒸气压力、流量至规定范围

续表

序号	异常现象	产生原因	处理方法
2	氧化器的真空度上升	(1) 过滤器的阻力大 (2) 阻火器的阻力大 (3) 蒸发器的阻力大 (4) 氧化器的阻力大	(1) 更换玻璃丝 (2) 停车处理 (3) 停车处理 (4) 停车处理
3	水压偏低	(1) 水泵发生故障 (2) 总水压不够	(1) 检修水泵 (2) 与有关部门联系，提高水压
4	转化率低，废气中氧含量高	(1) 催化剂中毒或老化 (2) 催化剂局部燃烧 (3) 催化剂不平，局部翻身 (4) 氧化温度控制不当 (5) 分析仪器有误	(1) 更换新催化剂 (2) 减少加料量 (3) 停车处理 (4) 调节至适当温度 (5) 检修仪表
5	废气中 CH_4 、CO 含量高，H_2 含量低	(1) 氧化温度过高 (2) 催化剂中毒	(1) 适当降低氧化温度 (2) 停车检查，更换催化剂
6	回火、催化剂表面燃烧有蓝色火焰	(1) 风量太低 (2) 氧化器系统阻力增大 (3) 氧化器漏气	(1) 提高风量 (2) 检查反应系统，消除阻力 (3) 停车检修
7	熄火	(1) 甲醇蒸气带有液体 (2) 补加蒸气中带液 (3) 过热温度太低	(1) 降低蒸发液面 (2) 排液排水 (3) 提高过热温度

第三节　工业甲醛储运和生产安全管理

学习目标

通过学习本节，学习者应能达到下列目标：

熟记甲醛的储运要求和甲醛安全生产管理的措施。

一、工业甲醛的储运

1. 影响甲醛溶液稳定性的因素

由于甲醛溶液不稳定，储运中易发生以下变化：

(1) 在低温下易聚合，形成聚合物沉淀。

(2) 进行康尼查罗反应，一部分甲醛氧化成甲酸，一部分甲醛还原成甲醇。

(3) 醇醛缩合形成二甲氢基甲烷。

(4) 甲醛氧化成甲酸。

(5) 甲酸缩合成羟基和糖类。

这种变化的快慢取决于甲醛溶液的浓度和储存温度。为防止上述变化发生，通常需根据不同的甲醛浓度确定储存温度、储存时间以及添加稳定剂的用量。

2. 工业甲醛的储运要求

(1) 防止甲醛聚合

甲醛易溶于水，形成甲二醇（HO—CH_2—OH)，它在一定条件下缩合成二聚甲醛水合物，进一步缩合成相对分子质量更大的多聚甲醛。聚合度小于4的多聚甲醛在常温下溶解于水，聚合度大于10的多聚甲醛则溶解度很低，将形成沉淀。

甲醛溶液的温度只要高于出现沉淀的最低温度，就可防止聚合物沉淀，表5—3中列出1～3个月储存期内不同甲醛溶液浓度、不同甲醇含量的储存温度比较。

表5—3　　甲醛储存温度比较

甲醛浓度（质量分数）(%)	甲醇含量（质量分数）(%)	储存温度（K)	甲醛浓度（质量分数）(%)	甲醇含量（质量分数）(%)	储存温度（K)
30	—	280	37	7	291
37	<1	308	37	10	280
37	3	304.5	45	<1	328
37	5	297	50	<1	338

甲醇的存在能抑制甲醛溶液的聚合作用。另外，国内外还研究开发了许多高效稳定剂（也称阻聚剂），如胺类、胍类、唑啉、甲基纤维素、乙基纤维素等。甲醇稳定剂添加量一般为8%～12%。稳定剂的加入量除与甲醛浓度、储存时间和储存温度等有关外，还与甲醛溶液中甲醇含量有关，甲醇含量高则阻聚剂用量可减少。

此外，甲醛溶液储槽中应有加热设施，冬季可用热水或蒸汽加热保温，防止甲醛聚合。已聚合的甲醛，可用上述间接加热的方法使聚合物解聚，但聚合时间超过半年以上的聚合物难以解聚。

(2) 储存方式及注意事项

甲醛水溶液一般用储槽储存，储槽可用铝制作，也可用碳钢制作。若用钢制储槽，须在内壁进行防腐处理，涂防腐层。一般采用过氯乙烯漆、磺化氯乙烯漆、环氧树脂漆等作防腐涂料，每隔2～3年重新涂刷一次，确保涂层完好。最好的方式是用不锈钢制作储槽，但造价昂贵。

储槽须装有液位计，顶部应有与大气相通的排气孔且装有阻火器，底部应装有用来加热的盘管，储槽外应有隔热层。

甲醛蒸气与空气混合能形成爆炸性气体，甲醛气体与氧化剂、火种接触有燃烧的危险。所以，甲醛水溶液的储存应远离火种、热源与氧化剂，与遇火燃烧的物质隔离，防止暴晒。储罐还要有防雷、防静电及消防设施，起火后可用水、泡沫、二氧化碳作灭火剂进行灭火。

(3) 成品的包装和运输

工业甲醛成品除少量采用玻璃瓶、塑料桶包装之外，绝大部分成品是采用容量为200 kg

的防腐铁桶、火车槽车、汽车槽车等包装运输。

用铁桶包装时，必须达到以下要求：无聚合物或其他杂质；防腐完好；无渗漏，无损坏；商品标签、有毒危险品标记完好。

在运输过程中，要防止容器破漏，流失在地上的甲醛溶液可用水冲洗，再用纯碱中和冲洗干净。甲醛触及皮肤时可先用水冲洗，再用酒精擦洗干净，最后涂敷甘油。

二、甲醛生产安全管理

1. 甲醛生产中的防火防爆

为了达到防火防爆的目的，应着重加强火源管理、甲醛（甲醇）的储存、防泄漏管理和工艺参数的控制等。具体措施如下：

(1) 加强火源的管理

控制好加热用明火，如电炉等；在有甲醛（甲醇）物料的场所，应尽量避免动火作业，如因生产急需无法停工时，应将需检修的设备或管线移至安全地点进行动火作业；对输送、储存甲醛（甲醇）物料的设备、管线需进行检修动火时，应将有关系统进行彻底处理，用惰性气体吹扫置换，并经分析合格后方可动火；当检修系统动火时，应将与甲醛（甲醇）设备及管线相连的管道断开或者用盲板隔离；不能用与生产设备有联系的金属构件作为电焊地线；要防止易燃物体与高温设备、管道表面接触，不准在高温管道和设备上烘烤衣服或放置可燃物品；在防火防爆区严禁吸烟。

(2) 避免摩擦与撞击

避免摩擦与撞击而产生火花和达到危险温度。

(3) 消除电气火花和危险温度

电气火花和危险温度是引起火灾的重要原因。对装置内的电气动力设备、仪器、仪表照明装置和电气线路等分别采用防爆、封闭、隔离等措施，并要加强巡检，防止电气设备因过热产生高温而引起火灾、爆炸事故。

(4) 甲醛（甲醇）的管理

1）按甲醛（甲醇）的物化性质，采取相应的防火、防爆措施。

2）按生产工艺特点采取防火、防爆措施。

3）通风置换是降低可燃、易爆危险性的措施。

(5) 工艺参数的安全控制

在甲醛生产中，正确控制各种工艺参数，防止超温和溢料、跑料等。防止火灾、爆炸事故的重要措施主要有严格控制温度、严格控制压力、严格控制空气流量。

2. 防止甲醛（甲醇）中毒的措施

在防止甲醛（甲醇）中毒工作中，除避免甲醛（甲醇）直接接触皮肤外，重点是做好甲醛（甲醇）蒸气从呼吸道进入人体的预防工作，尽量减少环境空气中的甲醛（甲醇）浓度，使其远小于最高允许值。具体措施如下：

(1) 设备密闭化，消除跑、冒、滴、漏。

(2) 严格遵守操作规程，防止跑料、溢料事故。

(3) 对可能泄漏甲醇、甲醛的工作场所必须保持良好的通风条件，必要时应有通风、排风设施。

(4) 不准用手直接接触甲醛（甲醇），严禁用口吸取甲醇、甲醛。

(5) 灌装甲醛（甲醇）时，应在上风口操作。

(6) 不随地倾倒甲醛（甲醇）溶液，分析样品需回收。

(7) 处理甲醛（甲醇）泄漏事故时，应做好防护工作，必要时应携带与现场空气隔绝的呼吸防护器具，为了自身安全，应正确使用呼吸防护器具。

(8) 针对不同情况，正确使用各种防毒面具。

注意

甲醛（甲醇）溅入眼睛，应立即用清水清洗；甲醛（甲醇）溅到身上和皮肤上，应及时用大量水冲洗，再用肥皂水或3%碳酸氢铵溶液洗涤；如误服甲醛液时，应立即用水洗胃，再服用3%的碳酸铵液或15%的醋酸铵液100 mL。

知识拓展

甲醛的中毒特征及现场基本处理

一、甲醛中毒特征

1. 甲醛轻度中毒特征

具有明显的黏膜刺激症状，如眼部有烧灼感、刺痛、流泪、视物模糊、结膜充血、咽痛、胸闷、咳嗽、呼吸急促、头痛、头晕、乏力、恐惧感、多汗、食欲不振、恶心、呕吐、皮肤瘙痒、发热、眼睑震颤、步态蹒跚等。

2. 甲醛重度中毒特征

两肺可闻干性或湿性啰音、喉痉挛，声门水肿、化学性肺炎及肺水肿等。

二、现场基本处理

甲醛轻度中毒应迅速脱离现场，静卧、保温、必要时吸氧。轻度和中度中毒治疗后，经短期休息，一般可从事原作业；但对甲醛过敏者应调离原作业；重度中毒视疾病恢复情况，酌情安排不接触毒物的工作。

3. 人身防护措施

(1) 头部防护

当存在有物体或因碰撞而引起危险的可能和高空作业时，应戴好保护头部的安全帽。

(2) 眼睛和面部的防护

当灌装甲醛或有甲醛（甲醇）等溅出、喷出的场合，应戴上防护眼镜或防护面具。

(3) 手部保护

在进行可能会导致手部伤害的工作时，必须戴上合格的防护手套，处理甲醛时必须戴上塑胶类不渗水手套，从事甲醛（甲醇）分析应使用皮肤防护油膏。

(4) 脚部保护

在处理甲醛（甲醇）储槽或事故现场时，或因碰撞、挤压会使脚部受伤时，必须穿防护胶鞋。

思考练习题

1. 简述甲醛的主要性质及用途。

2．简述甲醇氧化脱氢法生产甲醛的反应原理。

3．试分析温度、原料气组成和原料的纯度对甲醇氧化脱氢的影响。

4．简述氧化反应器的结构组成并写出各个部件的作用。

5．绘制出甲醇氧化脱氢法制甲醛的工艺流程图，并在工艺流程图上注明各个设备的作用。

6．在绘制的工艺流程图中注明重要设备的主要工艺指标，分析工艺指标的变化对生产有什么影响？

7．在绘制的工艺流程图中分析哪些设备内会发生异常现象？这些异常现象是什么？判断这些异常现象产生的原因并找到处理办法。

8．简述甲醛的储存、包装和运输要求。

9．在甲醛生产过程中，如何防止甲醛燃烧和爆炸？

10．在甲醛生产过程中，如何防止甲醛中毒？

11．在甲醛生产过程中，如何做好人身防护？

第六章　乙酸的生产

第一节　乙酸的性质及用途

学习目标

通过学习本节，学习者应能达到下列目标：

熟记乙酸的主要性质与用途。

一、乙酸的性质

1. 物理性质

乙酸又名醋酸，是食醋的主要成分（普通的醋含6%～8%乙酸），当无水乙酸的温度低于它的熔点时，凝结成冰状晶体，俗称冰醋酸。乙酸是一种具有强烈刺激性气味的无色透明液体，易挥发。乙酸易溶于水和乙醇及其他有机溶剂。冰乙酸的浓度为17 mol/L，一般的乙酸浓度为6 mol/L。乙酸是重要的有机酸之一，其主要物理性质见表6—1。

表6—1　乙酸的主要物理性质

项　目	内　容	项　目	内　容
外观	无色透明液体	黏度（293 K）	1.22 mPa·s
气味	刺激性酸臭	闪点	316 K（闭口杯）
分子式	CH_3COOH	燃点	738.15 K
相对分子质量	60.05	折射率	1.371 5
熔点	289.8 K	蒸气压（293 K）	1.52 kPa
沸点	391.1 K		
相对密度	1.05（$\rho_{水}=1$） 2.07（$\rho_{空气}=1$）	溶解性	溶于水、醚、甘油，不溶于二硫化碳
		稳定性	稳定

乙酸是许多有机化合物的良好溶剂，能与水和有机溶剂（如醇、酯、氯仿等）以任意比例相混合。

注意

乙酸蒸气刺激呼吸道及黏膜（特别是眼睛黏膜），浓乙酸可灼烧皮肤。

2. 化学性质

乙酸是稳定的化合物，但在一定条件下能发生一系列化学反应。

（1）具有羧酸的典型性质，主要表现在以下两个方面：

1）酸性。乙酸具有酸性，在水溶液里能电离出氢离子，它是一种弱酸。乙酸具有酸的通性。例如，它能使蓝色石蕊试纸变红；能跟金属反应，也能跟氢氧化钠、碳酸钠和碳酸氢钠等反应。

2）酯化反应。乙酸和醇在强酸存在下加热，发生酯化反应。例如乙酸和乙醇发生酯化反应，生成具有香味的乙酸乙酯。

（2）在 1 023 K、0. 078 MPa 下，将乙酸蒸气通过催化剂磷酸三乙酯时，脱水生成乙酸酐（醋酸酐）。

（3）在 363 ~ 373 K 和催化剂（磷、碘、硫）存在时，冰醋酸氯化得一氯乙酸。

（4）乙酸与乙炔在高温下反应，生成乙酸乙烯酯。

二、乙酸的用途

乙酸在有机化学工业中的地位与无机化学工业中的硫酸一样，是一种极为重要的化工产品，它的动态常常能反映出整个有机化学工业的面貌，可广泛用于化工、轻工、纺织、医药、印染、橡胶、农药、照相药品、电子、食品等工业部门。

乙酸能中和碱金属氢氧化物生成盐，也能与活泼金属生成盐，这些金属盐都有重要用途。乙酸也可生成各种衍生物，如乙酸甲酯、乙酸乙酯、乙酸丙酯、乙酸丁酯、乙酸酐等，酯类可作为涂料工业的良好溶剂；乙酸酐与纤维素作用生成的乙酸纤维素，可用于制造胶片、喷漆等；乙酸酐还是染料、香料、药物等制造业不可缺少的原料，也可用于生产引发剂和漂白剂等。

1. 乙酸乙烯酯（EVA）

乙酸乙烯酯可用于生产聚合物，如生产聚乙酸乙烯酯乳胶、聚乙烯醇及其他衍生物。少量乙酸乙烯酯与氯乙烯的共聚物有许多工业用途。

2. 乙酸烷基酯

乙酸的低级烷基酯，如甲酯、乙酯、异丙酯、丁酯、叔丁酯、异丁酯和戊酯都是很好的廉价溶剂，其中以乙酯和戊酯最为重要。

3. 乙酸盐

乙酸能形成各种盐类，如碱金属盐、碱土金属盐、铵盐、贵金属盐和过渡金属盐，在工业中都有重要的用途。

4. 杀菌剂

乙酸和乙酸钠常用于控制面包生产中由真菌引起的发黏现象，还可用于含水量较高的物品的储藏。

5. 合成卤代乙酸

乙酸的卤代反应可制得氟、氯、溴、碘四种不同取代基的卤代乙酸，其中用途最广的是氯乙酸。

6. 溶剂

在许多工业有机化学反应中，用乙酸作溶剂。

即学即练

通过互联网查找乙酸的性质与用途，除了互联网还可以通过哪些方式获得乙酸的性质与用途的相关知识？

思考

1. 将食醋放入冰箱的冷藏室（假设温度为 10℃），此时食醋会形成冰状晶体吗？为什么？
2. 食醋中含有乙酸，所以乙酸蒸气对人体无害。此种说法正确吗？为什么？
3. 在生产过程中如何预防被乙酸灼伤？

知识拓展

乙酸生产的发展史

醋的使用几乎贯穿了整个人类文明史。乙酸发酵细菌（醋酸杆菌）能在世界的每个角落发现，每个民族在酿酒的时候，不可避免地都会发现醋——它是这些酒精饮料暴露于空气后的自然产物。如在我国就有杜康的儿子黑塔因酿酒时间过长得到醋的说法。

乙酸在化学中的运用可以追溯到很古老的年代。在公元前3世纪，希腊哲学家泰奥弗拉斯托斯详细描述了乙酸是如何与金属发生反应生成美术颜料的，包括白铅（碳酸铅）、铜绿（铜盐的混合物，包括乙酸铜）。古罗马的人们将发酸的酒放在铅制容器中煮沸，能得到一种高甜度的糖浆，叫做“sapa”。“sapa”富含一种有甜味的铅糖，即乙酸铅，这导致了罗马贵族的铅中毒。8世纪时，波斯炼金术士贾比尔用蒸馏法浓缩提出了醋中的乙酸。

文艺复兴时期，人们通过金属醋酸盐的干馏制备冰醋酸。16世纪，德国炼金术士安德烈亚斯·利巴菲乌斯就描述了这种方法，并且拿由这种方法产生的冰醋酸来和由醋中提取的酸相比较。仅仅是因为水的存在，导致了醋酸的性质发生如此大的改变，以至于在几个世纪里，化学家们都认为这是两个截然不同的物质。法国化学家阿迪（Pierre Adet）证明了它们两个是相同的。

1847年，德国科学家阿道夫·威廉·赫尔曼·科尔贝第一次通过无机原料合成了乙酸。这个反应的历程首先是二硫化碳经过氯化转化为四氯化碳，接着是四氯乙烯的高温分解后水解，并氯化，从而产生三氯乙酸，最后一步通过电解还原产生乙酸。

1910年，大部分的冰醋酸提取自干馏木材得到的煤焦油。首先将煤焦油通过氢氧化钙处理，然后将形成的乙酸钙用硫酸酸化，得到其中的乙酸。在这个时期，德国生产了约10 000 t冰醋酸，其中30%被用来制造靛青染料。

第二节　乙酸的生产方法简介

学习目标

通过学习本节，学习者应能达到下列目标：
熟记工业上生产乙酸的主要方法。

乙酸的制备方法有多种，以前是从木材干馏中得到，或用含糖、含淀粉的物质，在乙酸菌的作用下发酵生成乙醇，再用空气氧化乙醇而获得低浓度的乙酸，此法只能酿造食用醋。随着化学工业的发展，对乙酸的需求量日益增多，目前多采用合成方法来制取乙酸。工业上生产乙酸的主要方法有甲醇低压羰基合成法、乙醛氧化法、低级烷烃氧化法。

一、甲醇低压羰基合成法

甲醇低压羰基化（OXO）技术是孟山都公司于1968年开发成功的，自1970年建成第一套装置（135 000 t/年）以来，用此法新建乙酸装置的比例越来越大，目前世界市场中约

65% 装置采用甲醇羰基化法，该工艺被英国 BP 化学公司和美国塞拉尼斯公司不断改进，特别是催化剂体系的改进使该法具有生产能力大、转化率高、选择性好、能耗低及产品质量稳定等优点，现已成为生产乙酸的主要方法。该技术在我国的发展趋势良好。

甲醇低压羰基法是一氧化碳和甲醇在三氯化铑（主催化剂）和一碘甲烷（助催化剂）的作用下，在温度 453 ~ 473 K、压力 2.65 ~ 2.8 MPa 条件下进行的均相反应。甲醇与一氧化碳低压羰基合成乙酸的主反应为：

$$CH_3OH + CO \longrightarrow CH_3COOH$$

甲醇低压羰基合成法生产乙酸的特点是原料甲醇和一氧化碳来源广泛、价格低，反应条件缓和，工艺过程先进，反应选择性可提高至 99%，几乎无副产品生成，产品收率高，纯度高，生产成本低。但该法在生产过程中需要使用稀有贵金属铑，同时，由于在生产中使用碘化氢，易造成设备腐蚀。

二、乙醛氧化法

乙醛氧化法以重金属乙酸盐为催化剂，乙醛在常压或加压下与氧气或空气进行液相氧化反应生成乙酸的主反应方程式为：

$$2CH_3CHO + O_2 \longrightarrow 2CH_3COOH$$

乙醛氧化法由于具有工艺简单、技术成熟、收率高、成本较低等特点，是目前国内生产乙酸的主要方法。

三、低级烷烃氧化法

低级烷烃氧化法是用石油副产品丁烷或石油的轻馏分（303 ~ 353 K）为原料，采用钠—钴二元催化剂（即环烷酸钴、碳酸钠与丙酸、丁酸作用生成盐后溶于轻油），以乙酸为溶剂，在 438 K、2.0 MPa 下，用空气或氧气作氧化剂生产乙酸的方法。其主反应为：

$$2C_4H_{10} + 5O_2 \longrightarrow 4CH_3COOH + 2H_2O$$

此法的原料来源丰富，价格低，但副产品多且难于分离，生成的乙酸浓度低，生成的副产物甲酸对设备有腐蚀。

各种乙酸生产工艺的比例见表 6—2。

表 6—2　各种乙酸生产工艺的比例

生产方法	甲醇低压羰基合成法	乙烯乙醛氧化法	乙醇乙醛氧化法	丁烷（石脑油）氧化法	其他方法
所占比例（%）	60	18	10	8	4

思考

甲醇低压羰基合成法、乙醛氧化法和低级烷烃氧化法生产乙醛在生产特点上有哪些不同?

知识拓展

发酵法生产乙酸

乙酸的制备可以采用人工合成和细菌发酵两种方法。现在采用生物合成法（即利用细菌发酵）生产乙酸仅占整个世界产量的 10%，但此法仍然是生产醋的最重要方法，因为很多国家的食品安全法规规定食物中的醋必须是由生物方法制备的。75% 的工业用乙酸是通过甲醇低压羰基合成法制备，其余15%由其他方法合成。

整个世界生产的纯乙酸每年大概有500万t，其中一半是由美国生产的。欧洲现在的产量大约是每年100万t，但是在不断减少。日本每年也要生产70万t纯乙酸。每年世界消耗量为650万t，除了上面提到的500万t，剩下的150万t都是回收利用的。

发酵法生产乙酸分为有氧发酵和无氧发酵两种。

一、有氧发酵

在人类历史中，以醋的形式存在的乙酸，一直是用醋杆菌属细菌制备。在氧气充足的情况下，这些细菌能够从含有酒精的食物中生产出乙酸。通常使用的是苹果酒或葡萄酒混合谷物、麦芽、米或马铃薯捣碎后发酵。用这些细菌生产乙酸的化学方程式为：

$$C_2H_5OH + O_2 \longrightarrow CH_3COOH + H_2O$$

其生产过程是将醋菌属的细菌接种于稀释后的酒精溶液并保持一定温度，放置于一个通风的位置，在几个月内就能够变为醋。工业生产醋的方法通过提供氧气使得此过程加快。

现在商业化生产所用方法之一被称为“快速方法”或“德国方法”，因为首次成功是在1823年的德国。此方法的发酵是在一个塞满了木屑或木炭的塔中进行。含有酒精的原料从塔的上方滴入，新鲜空气从塔的下方自然进入或强制对流。改进后的空气供应使得此过程能够在几个星期内完成，大大缩短了制醋的时间。

现在大部分醋是通过液态的细菌培养基制备的，在此方法中，酒精在持续的搅拌过程中发酵为乙酸，空气通过气泡的形式被充入溶液。通过这个方法，含乙酸15%的醋能够在两至三天内制备完成。

二、无氧发酵

部分厌氧细菌，包括梭菌属的部分成员，能够将糖类直接转化为乙酸而不需要乙醇作为中间体。总反应方程式如下：

$$C_6H_{12}O_6 \longrightarrow 3CH_3COOH$$

另外，许多细菌能够从仅含单碳的化合物中生产乙酸，例如甲醇、一氧化碳或二氧化碳与氢气的混和物。其反应方程式如下：

$$2CO_2 + 4H_2 \longrightarrow CH_3COOH + 2H_2O$$

梭菌属因为有能够直接转化糖类的能力，故能降低成本，这意味着这些细菌有比醋菌属细菌的乙醇氧化法生产乙酸更有效率。然而，梭菌属细菌的耐酸性不及醋菌属细菌。耐酸性最大的梭菌属细菌也只能生产不到10%的乙酸，而有的醋酸菌能够生产20%的乙酸。到现在为止，使用醋酸属细菌制醋仍然比使用梭菌属细菌制备后浓缩更经济。所以，尽管梭菌属的细菌早在1940年就已经被发现，但它的工业应用仍然被限制在一个狭小的范围内。

第三节　乙醛氧化生产乙酸

学习目标

通过学习本节，学习者应能达到下列目标：

1. 熟记乙醛氧化生产乙酸的反应原理，说明各个影响因素变化对乙酸氧化反应的影响。

2. 识别两种氧化反应器的结构，说明氧化反应器各个部件的作用。

3. 叙述（绘制）乙醛氧化生产乙酸的工艺流程，说明工艺流程中各个设备的作用，说明工艺流程中重要设备的主要工艺指标变化对生产的影响。

4. 判断和处理乙酸生产过程中出现的异常现象。

一、反应原理

乙醛氧化生产乙酸是一个放热反应，其总反应式为：

$$CH_3CHO + \frac{1}{2}O_2 \xrightarrow[343\sim353\ K,\ 0.2\sim0.3\ MPa]{(CH_3COO)_2Mn} CH_3COOH + 346.01\ kJ/mol$$

在主反应进行的同时，也有下列副反应发生：

$$2CH_3COOH \longrightarrow CH_3COOCH_3 + CO_2 + H_2$$

$$CH_3OH + [O] \longrightarrow HCHO + H_2O$$

$$2CH_3CHO + 5O_2 \longrightarrow 4CO_2 + 4H_2O$$

$$HCHO + [O] \longrightarrow HCOOH$$

乙醛很容易被空气中的氧所氧化生成过氧乙酸，它释放出的新生态氧又与乙醛作用生成乙酸，反应式如下：

$$CH_3CHO + O_2 \longrightarrow CH_3COOOH$$

$$CH_3COOOH \longrightarrow CH_3COOH + [O]$$

$$CH_3CHO + [O] \longrightarrow CH_3COOH$$

上述反应虽能进行，但生产上极不安全，因为生成的大量过氧乙酸是一个极不稳定的化合物，在363～373 K时易发生爆炸。即使在低温时，过氧乙酸也容易积累，到一定程度就会分解而引起爆炸。因此，只有在消除爆炸的危险性后，乙醛氧化法才能用于工业生产。实践表明，该反应必须在催化剂乙酸锰存在下才能顺利进行。催化剂的作用是将乙醛氧化时生成的过氧乙酸及时分解成乙酸，而防止过氧乙酸的积累、分解和爆炸。

思考

在乙醛氧化生产乙酸的过程中，是否可以不加入乙酸锰，为什么？

知识拓展

乙醛氧化生产乙酸的催化剂——乙酸锰

作为乙醛氧化生产乙酸的催化剂，应既能加速过氧乙酸的生成，又能促使其迅速分解，使反应系统中过氧乙酸的浓度维持在最低限度。由于乙醛氧化生成乙酸的反应是在液相中进行的，所以催化剂必须充分溶解在氧化液中，才能发挥其催化作用。实践证明，可变价金属（如锰、镍、钴、铜）的乙酸盐或它们的混合物均可作为乙醛氧化法生产乙酸的催化剂。对乙醛氧化生产乙酸，几种可变价金属盐的催化活性为钴＞镍＞锰。虽然钴的乙酸盐在乙醛氧化生成乙酸的反应中活性最高，但它不能满足使过氧乙酸迅速分解的条件，会造成过氧乙酸在反应系统中积累，故而不适用。采用乙酸锰为催化剂，不仅能使乙醛氧化为过氧乙酸的反应加速进行，而且能保证过氧乙酸的生成与分解速率基本相同，其乙酸收率也远远高于其他金属催化剂。所以，工业上普遍采用乙酸锰作为催化剂，有时也可适量加入其他金属的乙酸盐。

实践表明，乙酸锰的用量不同，氧的吸收率也不同，当原料中乙酸锰的用量在0.05% ~0.063%时，氧的吸收率仅达93% ~94%，故乙酸锰的加入量应大于0.065%，最好为0.08% ~1%，如果再增加用量，会不利于后面的精馏操作，如会使蒸发器的清洗次数增加等。

乙酸锰的加入方式也很重要，最好先把它溶解在乙酸中，然后再通入氧化液，以便在反应器内均匀分布。

二、影响因素

1. 反应温度

温度在乙醛的氧化过程中是一个非常重要的因素。氧化反应是放热反应，在反应过程中需将反应热不断除去，以控制一定温度。升高温度，乙醛氧化成过氧乙酸及过氧乙酸分解的速率都加快，特别对过氧乙酸分解有利。但过高的温度会使副反应加剧，使乙醛中的甲酸、聚合物和油状物增多。同时，会使氧化塔顶部空间的乙醛与氧气的浓度增高，增加了乙醛的自燃与爆炸的危险性。所以必须提高系统压力，使乙醛保持液相稳定。如温度过低（在313 K以下），会降低乙醛氧化为过氧乙酸以及过氧乙酸分解的速率，易导致过氧乙酸的积累，一旦温度回升，过氧乙酸就会剧烈分解而引起爆炸。因此，用氧气氧化时，适宜温度控制为343 ~353 K，及时连续地除去反应热。如通入氮气，用氧气氧化，反应温度可控制在353 K。

2. 反应压力

反应压力的大小对氧化速率有直接影响。由乙醛氧化反应方程式可知，增加压力有利于反应进行。提高反应压力，既可促进氧向液体界面扩散，又有利于氧被反应液吸收，还能使乙醛沸点升高，从而减少乙醛的损失。但是，升高压力会增加设备投资费用和操作费用。实际生产中操作压力控制在0.15 MPa（表压）左右。

3. 原料纯度

乙醛氧化生成乙酸反应的特点是以自由基为链载体，水是一种典型的能抑制链反应进行的物质。故要求原料乙醛含量 >99.7%（质量分数），其中水分含量 <0.03%。乙醛原料中三聚乙醛可使乙醛氧化反应的诱导期增长，并易被带入成品乙酸中，影响产品质量，故要求原料中三聚乙醛含量 <0.01%。

4. 氧化液的组成

在一定条件下，乙醛液相氧化后的反应液称为氧化液，其主要成分有乙酸锰、乙酸、乙醛、氧和过氧乙酸。此外，还有原料带入的水分及副反应生成的乙酸甲酯、甲酸、二氧化碳等。氧化液中乙酸浓度和乙醛浓度的改变对氧的吸收能力有较大影响。氧化液中乙酸含量要求在95%左右。乙酸含量增高，乙醛和水的含量则相应地减少，气相中的乙醛浓度降低，从而爆炸的可能性和乙醛的损失就会大大减少。如氧化液中乙酸含量为82% ~95%时，氧的吸收率保持在98%左右；如浓度再增加，则氧的吸收率反而下降。当氧化液中乙醛含量在5% ~15%时，氧的吸收率也可保持在98%左右；如超出此范围，则氧的吸收率下降。从产品的分离角度考虑，一般在流出的氧化液中乙醛含量不应超过2% ~3%。

氧化液中水分不能超过2% ~3%，否则，水与催化剂生成不活泼的过氧化锰的水合物，使其失活。为此，必须控制乙醛、氧和接触剂等原料中的水分。

三、反应器的结构

由于乙醛自氧化反应为气、液相反应，反应过程中氧的传递速率起主要作用，且反应过程有大量的热放出及中间产物易爆炸，其反应器在结构设计和材质使用上，针对以上特点，满足工艺要求，既要保证气液均匀接触，又能及时移走氧化反应所放出的热量，且应有防爆安全保护装置等。工业上通常采用乙醛自氧化制乙酸的反应器，一般为鼓泡床塔式反应器，通常称之为氧化塔。根据除热方式不同，氧化塔一般可分为内冷却式和外冷却式两种。气体分布装置一般采用多孔分布板或多孔分布管。

内冷却式氧化塔结构示意图如图 6—1 所示。该氧化塔底部有乙醛及催化剂醋酸锰入口，塔身分为多节，各节装有冷却盘管，其中通入冷却水以控制反应温度。各节上都配有氧气分配管。分配管上带有小孔，氧从小孔吹入塔中。塔身间装有花板，可使氧气均匀分布。塔顶有尾气出口，尾气经冷凝冷却后，不凝气放空，凝液流入氧化塔底部。塔顶带一扩大段起缓冲作用，减少雾沫夹带及稀释易爆气体。顶部装有氮气通入管和防爆装置。通入氮气可以降低气相中乙醛及氧气的浓度，防止生产过程发生爆炸。防爆装置的作用是当反应压力过高时，防爆膜破裂，使塔内的气体和液体冲出塔外，以保证塔主体的安全。

外冷却式氧化塔结构示意图如图 6—2 所示。此种反应器结构简单，是一空塔，位于塔外的冷却器为列管式热交换器，制造、检修方便。乙醛及催化剂入口在塔的上半部，氧从反应器中下部分三段进入，反应所放出的热量由塔底引出的物料带出，经冷却后再回反应器。氧化液从塔上部溢流出，塔顶排除尾气。氧化液溢流口高于循环液进口约 1.5 m，循环液进口略高于原料乙醛进口，塔顶通入氮气稀释气相并装有防爆装置。

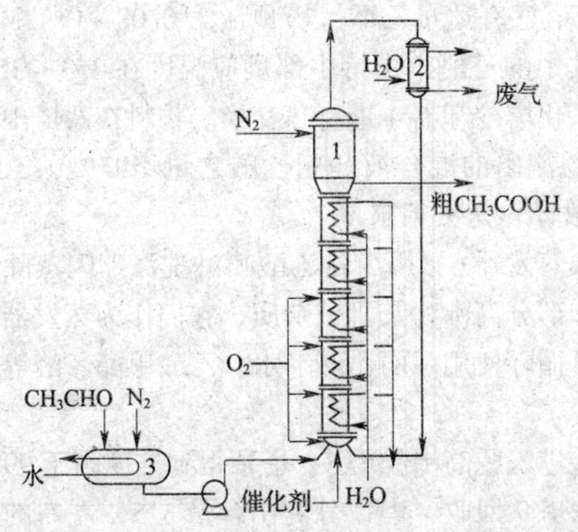

图 6—1　内冷却式氧化塔结构示意图

1—氧化塔　2—冷却器　3—乙醛储槽

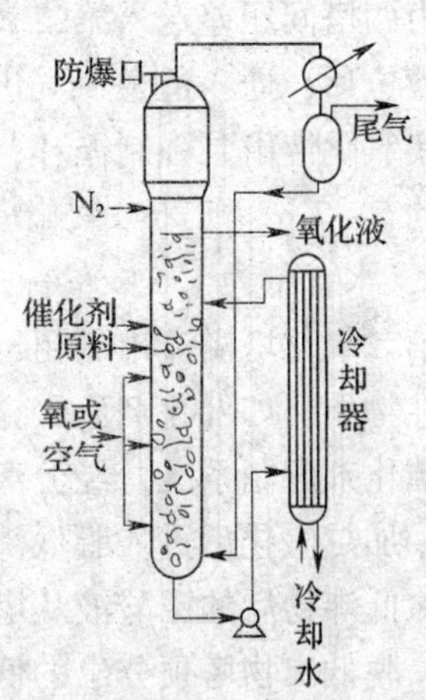

图 6—2　外冷却式氧化塔结构示意图

思考

内冷却式氧化塔和外冷却式氧化塔在结构上有哪些不同？各有什么特点？

四、工艺流程

外冷却乙醛氧化生产乙酸的工艺流程图如图 6—3 所示。

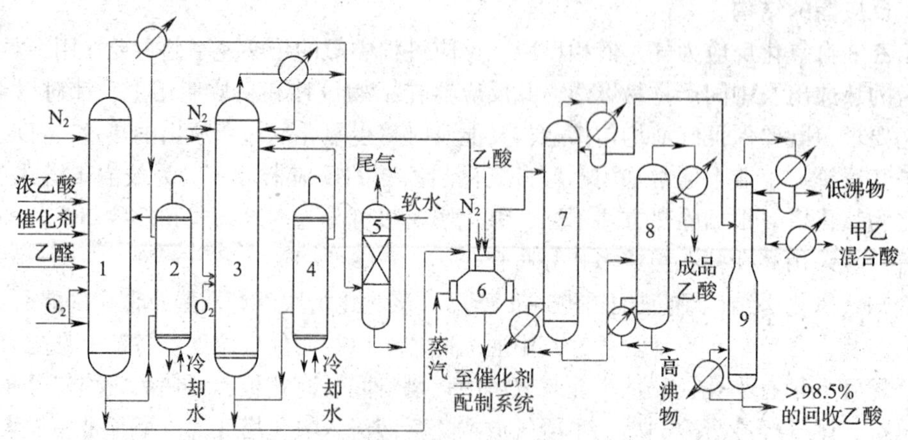

图 6—3　外冷却乙醛氧化生产乙酸的工艺流程图

1—第一氧化塔　2—第一氧化塔冷却器　3—第二氧化塔　4—第二氧化塔冷却器　5—尾气吸收塔
6—蒸发器　7—脱低沸物塔　8—脱高沸物塔　9—脱水塔

在第一氧化塔 1 中装有质量分数为 0.1% ~0.3% 的乙酸锰的浓乙酸，先通入适量的乙醛混匀加热，而后乙醛和纯氧连续定量地通入第一氧化塔进行气液鼓泡反应。中部反应区控制反应温度为 348 K 左右，塔顶压力为 0.15 MPa，在此条件下反应生成乙酸。氧化液循环泵将氧化液自塔底抽出，送入第一氧化塔冷却器 2 进行热交换，反应热由循环冷却水带走。降温后的氧化液再循环回第一氧化塔。第一氧化塔上部流出乙醛含量为 2% ~8% 的氧化反应液，由两塔间压差送入第二氧化塔 3。该塔盛有适量乙酸，塔顶压力 0.08 ~0.1 MPa，达到一定液位后，通入适量氧气进一步氧化其中的乙醛，维持中部反应温度在 353 ~358 K 之间，塔底氧化液由泵强制循环，通过第二氧化塔冷却器 4 进行热交换。物料在两塔中停留时间共计约 5 ~7 h。从第二氧化塔上部连续溢流出的混合液（粗乙酸含量≥97%，乙醛含量 <0.2%，水含量为 1.5% 左右，以质量分数计）送去精制。

从第二氧化塔溢流出的粗乙酸连续进入蒸发器 6，用少量乙酸喷淋洗涤。闪蒸除去一些难挥发性物质，如催化剂乙酸锰、多聚物和部分高沸物及机械杂质。它们作为蒸发器釜液被排放到催化剂配制系统，经分离后催化剂可循环使用。而乙酸、水、乙酸甲酯、醛等易挥发的液体，加热汽化后进入脱低沸物塔 7。

脱除低沸物后的乙酸液从塔底利用压差进入脱高沸物塔 8，塔顶得到纯度高于 99% 的成品乙酸。脱低沸物塔顶分出的低沸物由脱水塔 9 回收，塔顶分离出含量 3.5% 左右的稀乙酸废水，并含微量醛类、乙酸甲酯、甲酸及水，经中和及生化处理后排放。塔中部抽出含水的混合酸，塔釜为含量大于 98.5% 的回收乙酸，用作蒸发器的喷淋液。

思考

1. 在外冷却乙醛氧化生产乙酸的工艺流程中为什么要设置两个氧化塔？

2. 在外冷却乙醛氧化生产乙酸的工艺流程中，如果没有蒸发器 6，对生产会有什么影响？

五、乙醛氧化生产乙酸的异常现象及处理方法

乙醛氧化生产乙酸的异常现象及处理方法见表 6—3。

表 6—3　　乙醛氧化生产乙酸的异常现象及处理方法

序号	异常现象	产生原因	处理方法
1	第一氧化塔进醛流量计指示严重波动，液位波动，顶压突然上升，尾气含氧量增加	进塔醛球罐中物料用完	关小氧气阀及冷却水，同时关掉进醛线，及时切换球罐补加乙醛直至恢复正常反应。严重时可停车
2	第二氧化塔中含醛量高，氧气吸收不好，易出现漏氧	催化剂循环时间过长；催化剂中混入高沸物，催化剂循环时间较长时，含量较低	补加新催化剂；增加催化剂用量
3	第一氧化塔塔顶压力逐渐升高并报警，反应液出料及温度正常	尾气排放不畅，放空调节阀失控或损坏	手控调节旁路阀降压；在保证塔顶含氧量小于5%的情况下，减少充 N_2 量，然后采取其他措施
4	第二氧化塔塔顶压力逐渐升高，反应液出料及温度正常，第一氧化塔出料不畅	第二氧化塔尾气排放不畅，第二氧化塔放空调节阀失控或损坏	将第一氧化塔出料改向氧化液蒸发器出料；手控调节阀旁路降压；在保证塔顶含量氧量小于5%的情况下，减少充 N_2 量，然后采取其他措施
5	第一氧化塔内温度波动大，其他方面都正常	冷却水阀调节失灵	手动调节，并检查仪表
6	第一氧化塔液面波动较大，无法自控	循环泵引起，球罐或 N_2 压力引起	开另一台循环泵
7	第一氧化塔或第二氧化塔尾气含氧量超限	氧、醛进料配比失调；催化剂失活	调节好氧气和乙醛配比；分析催化剂含量并更换新催化剂

第四节　工业乙酸的储运与生产安全管理

学习目标

通过学习本节，学习者应能达到下列目标：

熟记乙酸的储运要求和乙酸安全生产管理的措施。

一、乙酸的储存与运输

按照 GB 190—2009《危险货物包装标志》和 GB/T 10479—2009《铝制铁道罐车》的有

关规定，乙酸采用专用不锈钢或铝制槽车装运，也可装入不锈钢制储罐或塑料桶中。塑料桶包装为每桶25 kg、50 kg或200 kg。

包装容器应清洁干燥，在运输及装卸时应轻拿、轻放，防止碰撞。本品铁路运输时限用企业自备铝制罐车装运，装运前需报有关部门批准。铁路非罐装运输时应严格按照铁道部《危险货物运输规则》中的危险货物配装表进行配装。起运时包装要完整，装载应稳妥。运输过程中要确保容器不泄漏、不倒塌、不坠落、不损坏。运输时所用的槽（罐）车应有接地链，槽内可设孔隔板以减少振荡产生静电。严禁与氧化剂、碱类、食用化学品等混装混运。公路运输时要按规定路线行驶，勿在居民区和人口稠密区停留。

乙酸蒸气与空气混合能形成爆炸性气体，乙酸气体与氧化剂、火种接触有燃烧的危险。所以乙酸水溶液的储存应远离火种、热源与氧化剂，与遇火燃烧的物质隔离，防止暴晒。储罐还要有防雷、防静电措施及消防措施，起火后应用雾状水、泡沫、二氧化碳、砂土作灭火剂进行灭火。采用防爆型照明、通风设施，禁止使用易产生火花的机械设备和工具，储区应备有泄漏应急处理设备和合适的收容材料。

二、乙酸生产安全

1. 乙酸生产防火防爆

为了达到防火防爆的目的，应着重加强火源的管理、乙酸的储存、防泄漏管理和工艺参数的控制等。

（1）加强火源的管理

1）严格明火的管理

①控制好加热用明火，如电炉等。

②在有乙酸物料的场所，应尽量避免动火作业，如因生产急需无法停工时，应将需检修的设备或管线移至安全地点后再进行动火作业。

③对输送、储存乙酸物料的设备、管线需进行检修动火时，应将有关系统进行彻底处理，用惰性气体吹扫置换，并经分析合格后方可动火。

④当检修系统动火时，应将与乙酸设备及管线相连的管道断开或者加堵盲板隔离。

⑤不能利用与生产设备有联系的金属构件作为电焊地线。

⑥在防火防爆区内严禁吸烟。

2）避免摩擦、撞击产生火花而达到危险温度。

3）消除电气火花避免达到危险温度。

电气火花和危险温度是引起火灾的重要原因。对装置内的电气动力设备、仪器、仪表照明装置和电气线路等分别采用防爆、封闭、隔离等措施，并要加强巡检，防止电气设备因过热产生高温而引起火灾、爆炸事故。

（2）乙酸的管理

1）按乙酸的物化性质，采取相应的防火、防爆措施。

2）按生产工艺特点采取防火、防爆措施。

3）通风置换，降低可燃、易爆的可能性。

（3）工艺参数的安全控制

在乙酸生产中，正确控制各种工艺参数，防止超温和溢料、跑料等。防止火灾、爆炸事故的重要措施主要有严格控制温度、严格控制压力、严格控制空气流量。

2. 人身防护

(1) 头部防护

当存在有物体或因碰撞而引起危险的可能性或高空作业时，应戴好保护头部的安全帽。

(2) 眼睛和面部的防护

当灌装乙酸或有乙酸等溅出、喷出的场合，应正确穿戴防护用品。

(3) 手部防护

在处理乙酸的工作时，必须戴耐酸橡胶手套。

(4) 脚部防护

在处理乙酸储槽或事故现场时或因碰撞、挤压会使脚部受伤时，必须穿防护胶鞋。

知识拓展

乙酸的中毒特征及现场基本处理

一、乙酸的中毒特征

主要为黏膜刺激症状，如流泪、流涕、喷嚏、结膜炎、咳嗽、胸闷，浓度高时引起喉头痉挛、急性鼻炎、咽炎、喉炎、气管炎、化学性肺炎等。

乙酸对皮肤有直接刺激作用，可引起过敏性皮炎和皮肤烧伤。

二、现场基本处理

1. 迅速将患者移离中毒现场，脱去污染的衣服。受污染的眼睛及皮肤用2%的碳酸氢钠溶液彻底冲洗。

2. 急性喉梗阻，应迅速用粗针头作环甲膜穿刺。

思考练习题

1. 简述乙酸的主要性质及用途。

2. 简述乙醛氧化生产乙酸的反应原理。

3. 试分析温度、压力、原料纯度和氧化液的组成变化对乙醛氧化的影响。

4. 简述氧化反应器的结构组成并写出各个部件的作用。

5. 绘制外冷却乙醛氧化生产乙酸的工艺流程图，并在工艺流程图上注明各个设备的作用。

6. 在绘制的工艺流程图中注明重要设备的主要工艺指标，分析工艺指标的变化对生产有什么影响？

7. 在绘制的工艺流程图中分析哪些设备内会发生异常现象？这些异常现象是什么？判断这些异常现象产生的原因并找到处理办法。

8. 简述乙酸的储存与运输要求。

9. 在乙酸生产过程中，如何防止乙酸燃烧和爆炸？

10. 在乙酸生产过程中，如何做好人身防护防止乙酸中毒？

第七章　苯乙烯的生产

第一节　苯乙烯的性质与用途

学习目标

通过学习本节，学习者应能达到下列目标：
熟记苯乙烯的主要性质与用途。

一、苯乙烯的性质

1. 物理性质

苯乙烯属于芳香烃，在常温常压下是无色、有特殊香气味的油状液体，属于易燃易爆物质，其蒸气与空气可形成爆炸性混合物，爆炸极限为1.1%～6.1%，遇明火、高热或与氧化剂接触，有引起燃烧爆炸的危险。苯乙烯难溶于水，能与甲醇、乙醇、乙醚等有机溶剂混溶。苯乙烯的主要物理性质见表7—1。

表7—1　　苯乙烯的主要物理性质

沸点（K）	凝固点（K）	密度（298K）（kg/m^3）	闪点（K）	燃点（K）	
418.2	242.4	901.9	304.2	763（空气）	723（氧气）

知识拓展

苯乙烯对人的影响

苯乙烯对眼睛和上呼吸道黏膜有刺激和麻醉作用，具有一定毒性。高浓度时会引起急性中毒，立即引起眼睛及上呼吸道黏膜的刺激，出现眼痛、流泪、流涕、喷嚏、咽痛、咳嗽等，继而头痛、头晕、恶心、呕吐、全身乏力等；严重者可眩晕。长期接触苯乙烯会引起慢性中毒，导致头痛、乏力、恶心、食欲减退、腹胀、忧郁、健忘、指颤等；有时引起阻塞性肺部病变，皮肤粗糙、皴裂和增厚等。

2. 化学性质

在苯乙烯分子中，侧链上含有C═C双键，因此，其化学性质较为活泼。苯乙烯具有乙基烯烃的性质，反应性极强，如能够发生还原、氧化、氯化等反应。从结构上看，苯乙烯属不对称取代物，烯烃上带有苯环，使苯乙烯分子带有极性，易于发生聚合，常温下可缓慢自聚，当温度超过373 K时，聚合速度剧增，故应加阻聚剂防止自聚。苯乙烯除可自聚生成聚苯乙烯外，也可以和其他不饱和化合物发生共聚。

注意

苯乙烯暴露于空气中易被氧化为醛类或酮类，一般密封保存。

知识拓展

苯乙烯的储存

苯乙烯单体极易发生自聚反应，在自聚过程中，苯乙烯转化为聚苯乙烯，同时随聚合的发生，聚苯乙烯会不断长大，甚至固化。在热量、氧化剂等作用下，苯乙烯可以发生激烈聚合反应，放出大量的热量，可能引发火灾或爆炸等危险。因此，在储存、运输、生产过程中，要加入阻聚剂作稳定剂，以延缓自聚反应的发生。常用的阻聚剂有对苯二酚和对叔丁基邻苯二酚。苯乙烯单体不能长期储存，加入阻聚剂后也无法长期储存，因为阻聚剂可以延缓聚合但不能彻底阻止聚合。

二、苯乙烯的用途

苯乙烯易自聚和共聚，所以它是合成橡胶、聚苯乙烯、塑料和其他各种共聚树脂的主要原料之一。

苯乙烯自聚制得的聚苯乙烯塑料为无色透明体，易于加工成形，产品经久耐用，外表美观，介电性能很好。发泡聚苯乙烯还可用作防振材料和保温材料。

苯乙烯与丁二烯共聚为丁苯橡胶，是产量最大的合成橡胶之一。苯乙烯与丙烯腈共聚为AS树脂；苯乙烯与丁二烯、丙烯腈共聚生成ABS塑料，ABS塑料是一种力学性能极高的工程塑料；苯乙烯与顺丁烯二酸酐、乙二醇以及邻苯二甲酸酐等共聚生成聚酯树脂等。故苯乙烯是三大合成工业的重要单体。另外，苯乙烯还被广泛应用于制药、涂料、纺织等工业。

由于苯乙烯有着广泛的应用，所以在有机化学工业中占有重要地位。目前，产量在乙烯系列产品中已占到第四位，占世界单体产量的第三位。

知识拓展

聚苯乙烯

聚苯乙烯（PS）是由苯乙烯（SM）聚合而成的树脂，它主要分为通用级聚苯乙烯（GPPS）、高抗冲级聚苯乙烯（HIPS）和发泡聚苯乙烯（EPS），属五大通用热塑性合成树脂之一。聚苯乙烯可注塑或挤塑成各种制品，适用于家电产品外壳、电器用品、仪器仪表配件、冰箱内衬、板材、电视机、收录机、电话机壳体、文教用品、玩具、包装容器、日用品、家具、托盘、餐具、结构泡沫制品等。发泡聚苯乙烯制成的发泡餐具质优、洁净、卫生、价廉，给人们生活带来极大方便，而且杜绝了因消毒不严而引起交叉感染的事故，长期以来一直是快餐业优选的包装容器。但由于其使用后不易在自然环境中自行降解，加上管理不善以及人们环保意识淡薄，其废弃物被随意丢弃的现象相当普遍，从而给市容景观、生态环境造成了严重的负面影响，被形象地比喻成“白色污染”，由此引发了新的环境问题。

即学即练

通过互联网查找苯乙烯的性质与用途，除了互联网还可以通过哪些方式获得苯乙烯的性质与用途的相关知识？

思考

1. 苯乙烯为什么要密封保存？保存时为什么要加入阻聚剂？

2. 在生产过程中，如果苯乙烯发生自聚反应堵塞管道，会对生产造成什么影响？

第二节　乙苯催化脱氢生产苯乙烯

学习目标

通过学习本节，学习者应能达到下列目标：

1. 熟记乙苯催化脱氢生产苯乙烯的反应原理，说明各个影响因素的变化对乙苯催化脱氢反应的影响。

2. 识别乙苯脱氢反应器的结构，说明反应器各部件的作用。

3. 叙述（绘制）乙苯催化脱氢的工艺流程和苯乙烯精馏工序的工艺流程，说明工艺流程中各个设备的作用，说明工艺流程中重要设备的主要工艺指标变化对生产的影响。

4. 判断和处理乙苯催化脱氢过程中出现的异常现象。

在苯乙烯的生产中，目前工业上主要采用乙苯催化脱氢法。乙苯催化脱氢法由美国 DOW 化学公司和德国 BASF 公司最先实现工业化生产，是目前应用较多的苯乙烯生产方法。

一、乙苯催化脱氢生产苯乙烯的基本原理

乙苯催化脱氢制苯乙烯是在高温和催化剂的条件下进行的，温度为 823 ~ 873 K，催化剂是氧化锌或氧化铁，其主反应方程式如下：

$$C_6H_5\text{—}CH_2\text{—}CH_3 \xrightarrow[823\sim873\ K]{Fe_2O_3} C_6H_5\text{—}CH{=\!=}CH_2 + H_2 - 117.2\ kJ/mol$$

乙苯催化脱氢的特点是反应须在较高温度和大量水蒸气存在下进行，能量消耗大，生产成本较高。

在实际生产中，由于温度比较高，乙苯催化脱氢时会发生如下副反应。

1. 裂解反应

裂解反应的反应式如下：

$$C_6H_5\text{—}CH_2\text{—}CH_3 \longrightarrow C_6H_6 + C_2H_4 - 105\ kJ/mol$$

2. 加氢裂解反应

加氢裂解反应的反应式如下：

$$C_6H_5CH_2CH_3 + H_2 \longrightarrow C_6H_5CH_3 + CH_4 + 54.4\ kJ/mol$$

$$C_6H_5CH_2CH_3 + H_2 \longrightarrow C_6H_6 + C_2H_6 + 31.5\ kJ/mol$$

3. 水蒸气转化反应

在水蒸气存在的条件下，乙苯还能发生水蒸气的转化反应，反应式如下：

$$C_6H_5CH_2CH_3 + 2H_2O \longrightarrow C_6H_5CH_3 + CO_2 + 3H_2 - 110\ kJ/mol$$

4. 其他副反应

主要是脱氢产物的聚合、缩聚生成焦油和焦，以及脱氢产物加氢裂解生成甲苯和甲烷。

知识拓展

其他工业合成苯乙烯的方法

一、乙苯氧化脱氢生产苯乙烯

乙苯在氧化剂的存在下，发生氧化脱氢反应生成苯乙烯。例如，以二氧化硫为氧化剂的氧化脱氢法，其反应式如下：

$$C_6H_5CH_2CH_3 + \frac{1}{3}SO_2 \longrightarrow C_6H_5CHCH_2 + \frac{1}{3}H_2S + \frac{2}{3}H_2O$$

此法所用催化剂有磷、钙、酸和镍等，反应温度为 773～833 K，乙苯的转化率在 90% 左右。

二、乙苯—丙烯共氧化法（哈康法）生产苯乙烯

乙苯—丙烯共氧化法中比较成熟的是环氧丙烷—苯乙烯（PO－SM）联产法。由美国哈康公司 1966 年开发，于 1973 年在西班牙实现工业化生产。环氧丙烷—苯乙烯（PO－SM）联产法是将乙苯氧化成过氧化乙苯，再使之在 Mo、W 催化剂存在下与丙烯反应生成环氧丙烷和 α—苯乙醇，α—苯乙醇脱水可得到苯乙烯。其反应式如下：

$$C_6H_5C_2H_5 + O_2 \longrightarrow C_6H_5CH(OOH)CH_3$$

$$C_6H_5CH(OOH)CH_3 + CH_3-CH=CH_2 \longrightarrow C_6H_5CH(OH)CH_3 + CH_3-\underset{\diagdown O \diagup}{CH-CH_2}$$

$$C_6H_5CH(OH)CH_3 \longrightarrow C_6H_5CH=CH_2 + H_2O$$

该法可同时得到两种重要的工业原料环氧丙烷、苯乙烯，其生产成本低，污染少，但工艺流程复杂，副产品多，流程长，单位能耗较高。

三、苯乙酮法生产苯乙烯

苯乙酮法的主要原料是乙苯，辅助原料是氧气和氢气，生产主要分三个步骤完成。

1. 氧化过程

把乙苯在催化剂存在的条件下加热到 338 ~ 418 K，通入氧气进行氧化，生成苯乙酮和水，反应式如下：

$$C_6H_5CH_2CH_3 + O_2 \xrightarrow[338 \sim 418\ K]{催化剂} C_6H_5COCH_3 + H_2O$$

2. 加氢过程

把苯乙酮在催化剂存在的条件下加热到 423 K，通入氢气，进行加氢，生成α—苯乙醇，反应式如下：

$$C_6H_5COCH_3 + H_2 \xrightarrow[423\ K]{催化剂} C_6H_5CHOHCH_3$$

3. 脱水过程

把α—苯乙醇在催化剂存在的条件下加热到 523 K，进行脱水反应，生成苯乙烯和水，反应式如下：

$$C_6H_5CHOHCH_3 \xrightarrow[523\ K]{催化剂} C_6H_5CHCH_2 + H_2O$$

此法生产的苯乙烯总收率为 78% ~80%，比乙苯催化脱氢低，但苯乙烯分离精制较容易。

四、乙苯催化脱氢—氢选择氧化法生产苯乙烯

乙苯催化脱氢—氢选择氧化法生产苯乙烯是在乙苯催化脱氢基础上发展起来的新工艺，由美国的环球油品公司（UOP）开发，与乙苯催化脱氢用过热蒸汽直接供热不同，在该法中采用分段氧化供热的新工艺，让系统生成的氢气与引入的氧气发生反应，反应产生的大量热量供给反应系统，从而大大减少过热蒸汽的需求量，同时，由于反应消耗了氢气，有利于反应向生成苯乙烯的方向移动，可使平衡转化率达 82% 左右。

知识拓展

苯乙烯的生产发展概况和我国苯乙烯生产的发展趋势

美国、德国在 1930 年左右，最先实现苯乙烯的工业化生产，到现在有约 80 年的历史了。在 1950 年以前，苯乙烯的生产技术只掌握于美国和德国等少数国家。1960 年以后，由于苯乙烯合成的树脂材料的用途越来越广泛、越来越重要，苯乙烯的需求也不断增加，促使苯乙烯的生产技术不断发展，到了 1990 年以后很多国家已经掌握苯乙烯的合成生产技术。目前，苯乙烯的合成工艺主要以乙苯催化脱氢法为主。

当今苯乙烯生产工艺已进入无腐蚀、无污染、低能耗的工艺技术时代，我国虽有茂名石化、扬子石化等生产厂采用 UOP/ Lummus 工艺技术，但整体技术水平还存在差距。

据统计，我国 2000 年苯乙烯消费量近 2×10^6 t，而苯乙烯的实际产量 746 000 t。当年苯乙烯装置产能为 950 000 t，国内苯乙烯装置产能仍然不够，实际产量与生产能力也存在差

距。主要原因是一些装置规模较小、生产工艺相对落后致使生产成本较高，难与国外产品竞争。由此看来必须对现有苯乙烯装置进行扩能和技术改造，使装置生产规模达到经济规模。

我国乙烯资源严重供不足需，发展苯乙烯受到乙烯资源的制约。工业上利用苯和乙烯合成得到的乙苯，乙苯再脱氢制得苯乙烯。所以乙烯是生产苯乙烯的重要原料资源。但目前我国的乙烯资源紧张，用于生产苯乙烯的数量少，影响苯乙烯工业发展，结构性矛盾突出。在中国乙烯资源紧张长时间得不到解决的状况下，结合我国炼油装置结构状况，宜大力发展用炼厂干气中的乙烯制乙苯以获得苯乙烯。

二、影响乙苯脱氢的因素

1．温度

乙苯催化脱氢反应是吸热反应，升高反应温度有利于反应向生成苯乙烯的方向进行，同时能提高反应速率。在氧化铁催化剂存在下，于773 K左右脱氢，几乎没有裂解副产品生成，随着温度升高，乙苯脱氢反应速率增加，但裂解和水蒸气转化等副反应的速率也迅速增加，结果乙苯的转化率虽有增加，但乙苯转化为苯乙烯的选择性却随之下降，副产品苯和甲苯的生成量增多。乙苯催化脱氢制苯乙烯时反应温度对转化率和选择性的影响见表7—2。

表7—2　　乙苯催化脱氢制苯乙烯时反应温度对转化率和选择性的影响

反应温度（K）	转化率（%）	选择性（%）
853	53.0	94.3
873	62.0	93.5
893	72.5	92.0
913	87.0	89.4

注：乙苯液相空速1 h^{-1}，水蒸气：乙苯（体积比）=1：3。

从表7—2中可以看出，当温度超过853 K时，随着温度升高，乙苯催化脱氢的转化率升高，但选择性下降，副产品的生成量增加。为了避免产生过多的副产品，在实际生产中，温度一般不超过873 K。

乙苯脱氢的催化剂的工作温度一般为823 ~ 923 K。为了保证较好的催化效果，反应温度必须在催化剂工作温度的范围内，生产中一般选定反应温度为823 ~ 873 K。

2．压力

乙苯脱氢反应是体积增加的反应，减压操作有利于生成苯乙烯。减压操作对反应设备的制造要求较高，造成设备制造费用增加，并且在高温下减压操作不安全，故采用加入水蒸气稀释剂的方法来降低反应混合物中烃的分压，从而达到与减压相同的目的。

3．水蒸气的用量

在反应系统中加入水蒸气除了达到降低系统中烃类的分压的目的外，它还可向脱氢反应提供部分热量，使反应温度比较稳定；同时，可使反应产物特别是氢气迅速离开催化剂，有利于反应向生成物的方向进行；另外，水蒸气的存在有利于烧除催化剂表面的积炭，延长催化剂再生的周期。一定温度下，水蒸气用量与乙苯的转化率之间的关系见表7—3。

表 7—3　　水蒸气用量与乙苯的转化率之间的关系

温度（K）	转化率（%）摩尔数				
	n[①] = 0	n = 16	n = 18	n = 19	n = 20
793	0.18	0.54	0.55	0.56	0.57
813	0.23	0.62	0.63	0.64	0.65
833	0.29	0.70	0.71	0.72	0.73
853	0.35	0.76	0.77	0.78	0.79
873	0.41	0.82	0.83	0.84	0.85
893	0.48	0.86	0.87	0.88	0.89
913	0.55	0.90	0.90	0.91	0.91

①单位摩尔乙苯所用水蒸气的摩尔数。

由表 7—3 可见，在一定温度下，随着水蒸气用量的增加，乙苯的转化率也随之增加。同时，水蒸气用量增加对催化剂除焦有利，但水蒸气增加到某一范围后，乙苯的转化率提高就不太明显了。同时，会因水蒸气用量的增加而使能量消耗和操作费用增多，降低了设备的生产能力。因此对水蒸气的用量要综合考虑，生产中控制水蒸气：乙苯 = 1∶(1.2 ~ 2.6)(质量比)。

4. 原料纯度

原料中要求二乙苯含量不大于 0.04%，因为二乙苯经脱氢后会生成二乙烯基苯，此产物在分离精制过程中易于发生聚合，结果导致设备与管道堵塞，而这种聚合体必须用机械法清除。此外，还应控制对催化剂活性和使用寿命有影响的其他杂质的含量。

5. 乙苯的空速

乙苯的空速减小，转化率提高，但副反应增加，选择性下降，催化剂表面结焦增加，再生周期缩短；乙苯的空速增大，则转化率减小，产物收率降低，原料循环量增加，能耗加大，造作费用增加，故最佳空速的选择必须综合考虑各方面的因素。

乙苯空速对转化率和选择性的影响见表 7—4。

表 7—4　　乙苯空速对乙苯脱氢转化率和选择性的影响

乙苯液相空速（h^{-1}）	1		0.6	
反应温度（K）	转化率（%）	选择性（%）	转化率（%）	选择性（%）
853	53.0	94.3	59.8	93.6
873	62.0	93.5	72.1	92.4
893	72.5	92.0	81.4	89.3
913	87.0	89.4	87.1	84.8

注：水蒸气：乙苯（体积比）= 1∶3。

知识拓展

催化剂对乙苯脱氢的影响

在工业上脱氢催化剂主要有两类：一是以氧化铁为主体的催化剂，如 $Fe_2O_3-Cr_2O_3-$

KOH和$Fe_2O_3-Cr_2O_3-K_2CO_3$等；另一类是以氧化锌为主体的催化剂，如$ZnO-Al_2O_3-CaO$、$ZnO-Al_2O_3-CaO-KOH-Cr_2O_3$和$ZnO-Al_2O_3-CaO-K_2SO_4$等。这两类催化剂均为多组分的固体催化剂，其中氧化铁和氧化锌分别为主催化剂，钙和钾的化合物是助催化剂，氧化铝是稀释剂，氧化铬是稳定剂，可增加催化剂的热稳定性。

乙苯脱氢催化剂的作用：一是加快反应的速率，使反应更快；二是使反应平衡向正方向移动，提高乙苯的转化率，充分利用原料；三是加快生成苯乙烯的主反应，抑制副反应的发生，提高苯乙烯的产率，减少副产品的生成。

乙苯催化脱氢的反应是吸热反应，在常温常压下其反应速率很小，只有在高温下才具有一定的反应速率，在高温下，若要提高乙苯的转化率和苯乙烯的产率，就得选择性能良好的催化剂。

脱氢催化剂必须在较高的温度条件下进行，通常金属氧化物比金属具有更高的热稳定性，脱氢反应中大都是选用金属氧化物作催化剂，其具体要求如下：

一、具有良好的活性和选择性

具有较好的催化效果，有选择性地加快脱氢的反应速率，抑制副反应的发生或停止副反应。

二、热稳定性好

要求催化剂能耐受较高的操作温度，不但在高温下具有较好的催化效果，而且要不易分解。

三、化学稳定性好

由于脱氢反应的产物中有氢气存在，因此，要求催化剂中的金属氧化物不致被氢还原为金属。并要求催化剂在大量水蒸气中长期进行操作而不致损坏，保持足够的机械强度。

四、抗结焦性能好和容易再生

不易在催化剂上迅速发生焦的沉积。结焦后可用方便的方法予以再生，并不引起其他不利的变化。

在反应过程中，由于副反应而产生的炭覆盖在催化剂表面，使其活性下降，但在水蒸气的存在下，催化剂中的氢氧化钾能促进下列反应使焦炭除去，其反应式如下：

$$C + H_2O \xrightarrow{KOH} CO + H_2$$

在生产中，由于不断加入水蒸气，使催化剂表面覆盖的焦炭分解，这样，焦化对催化剂的破坏减少，催化剂的再生周期就大大延长，一般使用一年以上才需再生。再生方法简单，再生时只停止乙苯进料，单独通入水蒸气即可。

三、乙苯脱氢反应器

乙苯脱氢的反应是一个强烈的吸热反应，故在生产上采用的是列管式固定床等温反应器，其结构如图7—1所示。反应器安装在加热炉内，脱氢炉由耐火砖及红砖砌成，采用烟道气为热载体，依靠烟道气的强制对流向反应器供热，保持反应在等温条件下进行。反应器由许多根耐高温的镍铬不锈钢管组成，或内衬以铜锰合金的耐热钢管组成，管径为100～185 mm，管长3 m，两端有管板及封头，管内装载催化剂。由于反应器在加热炉内，因而保温效果好，热量不易损失。

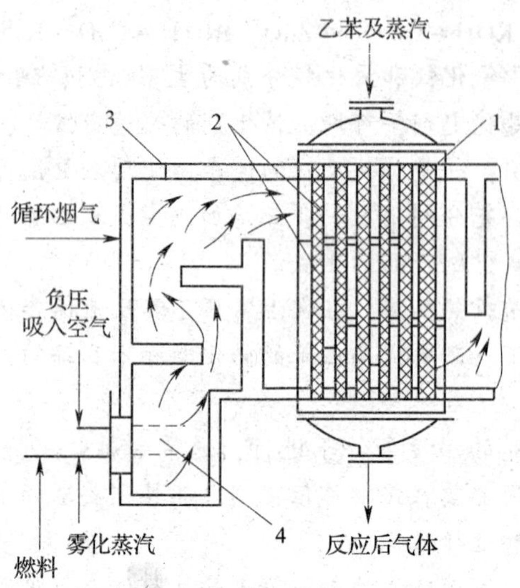

图 7—1　乙苯脱氢等温反应器

1—列管反应器　2—圆缺挡板　3—耐热砖砌成的加热炉　4—燃烧喷嘴

思考

乙苯脱氢反应器是如何与烟道气进行换热的？为什么要对烟道气加热？

知识拓展

反应热与反应器类型

对于一个放出热量较大的反应过程，要求设备有良好的传热性能，因此，工业上常用固定床反应器或沸腾床反应器；对于一个吸热的反应过程，要求设备有较大的比传热面（即反应器单位容积具有的传热面），工业上采用等温反应器和绝热反应器。

即学即练

通过互联网或其他方式查找固定床反应器、沸腾床反应器、等温反应器和绝热反应器的有关知识。

四、乙苯催化脱氢的工艺流程

乙苯催化脱氢的生产过程由乙苯脱氢工序和苯乙烯精馏工序组成。

1. 乙苯脱氢工序

乙苯脱氢的任务是通过脱氢把原料乙苯转化为苯乙烯，乙苯脱氢的工艺流程图如图 7—2 所示。

原料乙苯在乙苯汽化器 6 中汽化，水蒸气在过热器 5 中继续加热，乙苯汽化器 6 及水蒸气过热器 5 都是利用烟道气的余热进行加热的。汽化的乙苯与过热水蒸气混合，然后进入预热器 4 进行预热，换热后温度在 673 K 左右，再进入换热器 7，与脱氢气体进行再次换热，换热后的乙苯和水蒸气混合气的温度升至 733 K 左右，再进入过热器 3 进一步加热。此时物料温度已接近反应温度，最后入脱氢反应器 2。

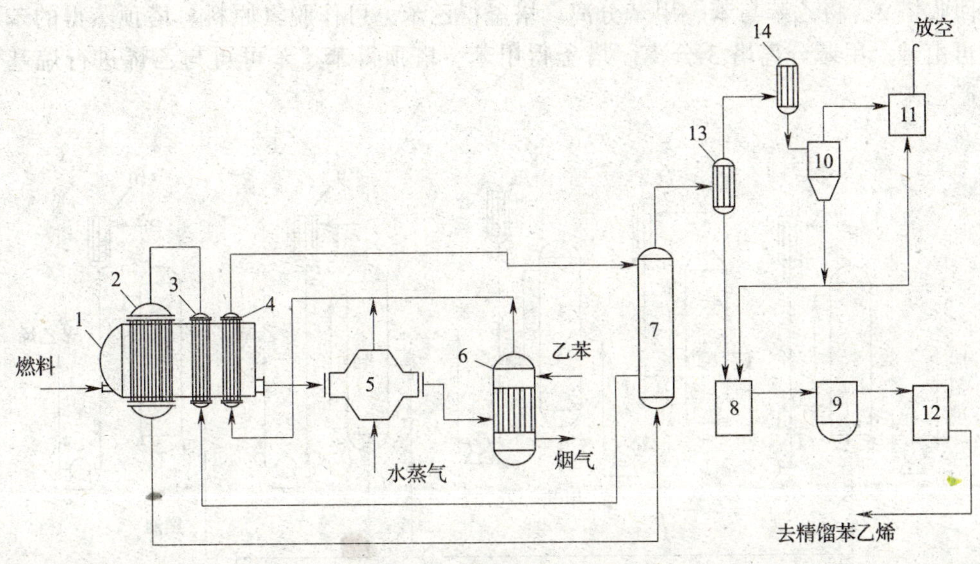

图 7—2　乙苯脱氢的工艺流程图

1—脱氢炉　2—脱氢反应器　3—过热器　4—预热器　5—水蒸气过热器　6—乙苯汽化器
7—换热器　8—油水分离器　9—阻聚剂溶解器　10—气液分离器　11—液滴捕集器
12—脱氢液储槽　13、14—冷凝器

预热器 4、过热器 3 和脱氢反应器 2 都在脱氢炉 1 内。燃料由炉底喷射器喷入，燃烧后炉膛温度可达 1 073 K 左右，烟道气对脱氢反应器 2、预热器 4 和过热器 3 进行加热。进入脱氢反应器 2 的物料在催化剂的存在下，于 833 ~ 873 K 进行脱氢反应。乙苯的转化率为 35% ~40%。反应后的脱氢气体进入换热器 7，预热反应物料，脱氢气体被冷却到 673 K 左右，再进入冷凝器 13 冷凝，此时苯乙烯和水均被冷凝下来，凝液称为脱氢液，流入油水分离器 8，将脱氢液与水分离。未凝气体再进入盐水冷凝器 14，以便将苯乙烯全部冷凝下来，在气液分离器 10 内进行气液分离。分出的气体经捕集器 11 回收液滴后放空。所有的液体均入油水分离器 8。放空气体大部分为氢气，还含有少量副反应产生的气体。

脱氢液在油水分离器 8 中沉降分离，水由分离器底部排出，脱氢液由分离器上部溢流至阻聚剂溶解器 9 内，在 9 中加入约 0.05%（以苯计）的对苯二酚阻聚剂，在搅拌下使其溶于脱氢液中，以防止苯乙烯聚合。最后脱氢液进入脱氢液储槽 12，以待精制用。

思考

1. 在图 7—2 中，如果没有过热器 3 和预热器 4，对生产会有什么影响？

2. 在图 7—2 中，如果在原料乙苯中不加入水蒸气，对生产会有什么影响？

2. 苯乙烯精馏工序

苯乙烯精馏的任务是通过精馏过程，把乙苯脱氢制得的脱氢液进行提纯分离，除去副产品，获得苯乙烯产品。苯乙烯精馏的工艺流程图如图 7—3 所示。

脱氢液储槽内的脱氢液由进料泵送入乙苯蒸出塔 1，将未反应的乙苯、副产品苯、甲苯与苯乙烯分离。塔顶蒸出的乙苯、苯和甲苯经冷凝后，部分作回流液，其余送入苯、甲苯回收塔 2，将乙苯与苯、甲苯分离。塔釜得乙苯，可作脱氢原料。塔顶蒸得的苯和甲苯，再由苯、甲苯分离塔 3 分离。塔釜得甲苯，塔顶得苯。苯可再与乙烯进行烷基化反应生产乙苯。

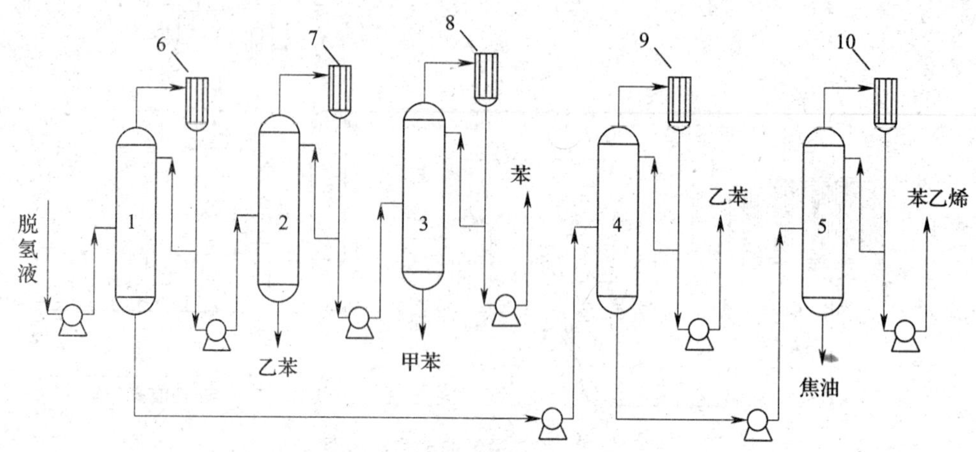

图 7—3　苯乙烯精馏的工艺流程图

1—乙苯蒸出塔　2—苯、甲苯回收塔　3—苯、甲苯分离器　4—苯乙烯粗蒸塔　5—苯乙烯精馏塔　6、7、8、9、10—冷凝器

乙苯蒸出塔 1 的釜液主要含苯乙烯及少量乙苯、焦油等，将其送入苯乙烯粗蒸塔 4 把乙苯与苯乙烯和焦油分开。塔顶得到含少量苯乙烯的乙苯，返回脱氢液储槽重新处理。塔釜液送入苯乙烯精馏塔 5，在此塔顶得到产品苯乙烯（收率在 90% 以上）。塔釜液是含少量苯乙烯的焦油，焦油可进一步回收苯乙烯。

在上述流程中，由于苯、苯乙烯的沸点较高，而且苯乙烯易聚合。它的聚合速率与温度有关，温度越高，聚合得越快，为防止聚合反应，所以精制苯乙烯是在减压下进行操作。除苯和甲苯的分离是在常压下进行外，其余四塔都需在减压下操作。

乙苯催化脱氢制苯乙烯的工业化最早，技术成熟，是目前生产苯乙烯的主要方法。但此法具有需要外界供给大量热量、转化率不高、需要大量乙苯循环使用、能量消耗太大等不足之处。

思考

1. 在图 7—3 中，如果没有苯乙烯粗蒸塔 4，对生产会有什么影响？
2. 在苯乙烯精馏工序中，分离回收的乙苯怎么处理？
3. 在苯乙烯精馏工序中，脱氢液的主要成分有哪些？

知识拓展

乙苯—丙烯共氧化法生产工艺

反应过程中乙苯先在液相过氧化塔 1 中用氧氧化成过氧化物，反应条件为压力 0.35 MPa，温度 414 K，停留时间 4 h，生成的乙苯过氧化物经提液塔 2 提浓到 17% 后进入环氧化塔 3，和丙烯混合后进行环氧化工序，环氧化温度为 383 K、压力为 4.05 MPa。环氧化反应后经分离塔 4 除去轻馏分杂质，环氧化反应液再经过分离塔 5 分离环氧丙烷和 α—苯乙醇，环氧丙烷经提浓塔6蒸馏得环氧丙烷。环氧化另一产物α—苯乙醇在脱水塔7中，在533 K、常压的反应条件下脱水得苯乙烯，再经苯乙烯提浓塔8精馏得到产品苯乙烯。苯乙烯提浓塔8精馏后的残留液苯乙酮经苯乙酮加氢器9加氢转化为α—苯乙醇循环利用。整个反应流程图如图7—4所示。

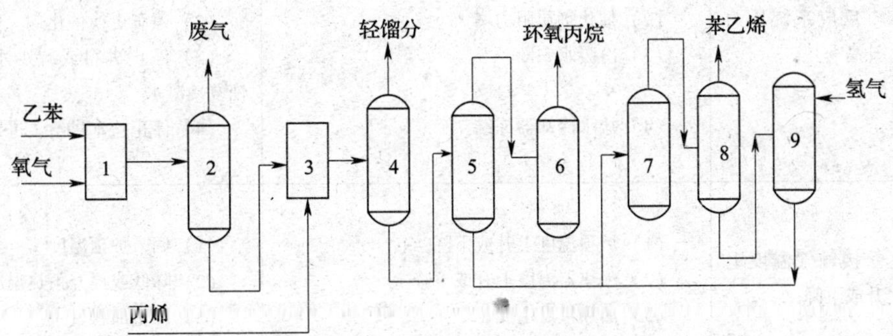

图7—4 乙苯—丙烯共氧化法生产苯乙烯生产工艺流程图
1—过氧化塔 2—提液塔 3—环氧化塔 4、5—分离塔 6—环氧丙烷提浓塔
7—脱水塔 8—苯乙烯提浓塔 9—苯乙酮加氢器

五、苯乙烯生产过程中的异常现象及处理方法

1. 乙苯脱氢工序的异常现象及处理方法

乙苯脱氢工序的异常现象及处理方法见表7—5。

表7—5 乙苯脱氢工序的异常现象及处理方法

序号	异常现象	产生原因	处理方法
1	炉顶温度降低或升高	（1）燃料气的输送压力高或低 （2）循环烟气量波动 （3）仪表失灵	（1）调整及稳定燃料气压力 （2）调整烟气量 （3）检修或校正仪表
2	炉顶、炉中温度突然上升，反应液发黑	（1）反应器及换热器列管破裂或烧穿 （2）水蒸气量过小，局部过热 （3）乙苯炭化，覆盖催化剂	（1）检查设备，确定破裂立即停车检修 （2）按配比投料，防止局部过热 （3）停止进料，通水蒸气对催化剂进行再生
3	设备密封破坏	设备法兰损坏	停止进料，继续通水蒸气降温，更换法兰
4	反应系统温度大幅度下降	废热锅炉水量大，溢入加热设备	（1）立即停止加料 （2）立即截断水蒸气活门，待系统温度开始回升再慢开 （3）废热锅炉排污，使液面恢复正常

续表

序号	异常现象	产生原因	处理方法
5	反应系统压力升高	（1）管道或设备内聚合，堵塞管道或设备使阻力增大 （2）催化剂层阻力增大 （3）冷凝水中断 （4）盐水冷却器冻结	（1）如压力上升过大，应立即停车处理 （2）停车更换催化剂 （3）停止进料或减少水蒸气量，恢复冷凝水 （4）停止盐水供给，进行解冻
6	接触气温度上升或下降	（1）炉顶温度上升或下降 （2）预热器温度上升或下降 （3）加热量发生变化	（1）调节炉顶温度 （2）降低或提升预热温度 （3）调整加料量
7	火焰突然熄灭	（1）燃料气压力大幅度下降或中断 （2）燃料气中带水 （3）燃料管线堵塞	迅速关闭燃料气阀门，待压力恢复后重新点火，如不恢复，按紧急停车处理
8	炉油发黑	（1）副反应增加或催化剂活性降低，反应温度升高 （2）密闭性破坏	（1）加蒸汽量活化催化剂或降低反应温度 （2）按密闭性破坏处理
9	炉膛回火	（1）引风机故障停车 （2）引风机电源跳闸 （3）烟道碟阀故障关闭 （4）循环烟气量太大 （5）炉膛升温太快，炉膛压力升高	（1）停车处理 （2）立即关闭电源 （3）检查碟阀，立即恢复正常 （4）调整循环烟气量 （5）减缓自控，不让升高

2. 苯乙烯精馏工序的异常现象及处理方法

苯乙烯精馏工序的异常现象及处理方法见表7—6。

表7—6　苯乙烯精馏工序的异常现象及处理方法

序号	异常现象	产生原因	处理方法
1	精苯乙烯塔或粗苯乙烯塔发生聚合现象	（1）塔温过高 （2）真空度下降	（1）轻者降温维持生产，严重时停车检修 （2）找出原因，提高真空度

续表

序号	异常现象	产生原因	处理方法
2	精苯乙烯再沸器或 粗苯乙烯再沸器内聚合	（1）釜温过高 （2）釜液泵打不上压 （3）阻聚剂量少或失效 （4）釜液在釜内停留时间太长	（1）轻微降温维持生产，严重时停车检修 （2）切换备用泵 （3）通知脱氢工序多加阻聚剂，或更换新的阻聚剂 （4）缩短停留时间
3	粗苯乙烯塔 釜温升不上去	（1）釜液泵打不上压 （2）釜液黏度大 （3）回水出不去	（1）切换备用泵 （2）降低黏度 （3）检查疏水器，切换副线

第三节　工业苯乙烯的储运和生产安全管理

学习目标

通过学习本节，学习者应能达到下列目标：

熟记苯乙烯的储运要求和苯乙烯的安全生产管理措施。

苯乙烯简称SM，是石化行业的重要基础原料。苯乙烯是用苯取代了一个乙烯的氢原子形成的化合物。苯乙烯为具有芳香气味、无色、易燃的液体，具有一定的毒性，化学性质较活泼，极易自聚。受热、阳光照射、接触空气或过氧化物时可加速聚合。苯乙烯主要用于生产苯乙烯系列树脂及丁苯橡胶，也是生产离子交换树脂及医药品的原料之一，此外，苯乙烯还可用于制药、染料、农药以及选矿等行业，可以说苯乙烯是化学工业中最重要的单体之一。

苯乙烯是易燃、易爆和有毒的危险性比较大的化学品，在使用、生产、运输和储存等方面都容易发生危险事故，因此，苯乙烯在使用、生产、运输和储存的过程中，要采取必要措施，防止意外事故的发生。从事苯乙烯生产的人员必须掌握相关的安全知识。

一、工业苯乙烯的危害

苯的化学结构十分稳定，在自然环境条件下不易降解，对土壤、水体和大气能够造成持久而严重的污染，其对动植物及人类的危害不容忽视。因此，全球所有与苯及苯系物生产、应用和运输相关的企业必须严格执行有关国际公约，以及严格执行危险化学品生产、应用和储运的行业规范，不断改进工艺，在各个环节上减少和避免对自然环境的污染。

苯乙烯对眼睛和上呼吸道有刺激和麻醉作用。接触高浓度苯乙烯会造成急性中毒，眼部受苯乙烯液体污染，可致灼伤。长期接触可引起阻塞性肺部病变。

苯乙烯遇明火、高热或与氧化剂接触，有燃烧、爆炸的危险；遇酸性催化剂（如路易斯催化剂、齐格勒催化剂、硫酸、氯化铁等）能发生剧烈的聚合反应，放出大量热量。

苯乙烯蒸气可与空气形成爆炸性混合物，能在较低处扩散到相当远的地方，遇明火会引着回燃。其燃烧（分解）产物是一氧化碳和二氧化碳。

鉴于苯乙烯的危害，我国相关标准明确规定：车间空气中苯乙烯的最高容许浓度为 40 mg/m^3，居住区大气中苯乙烯的最高容许浓度为 0. 01 mg/m^3。

二、工业苯乙烯的储存

1. 苯乙烯储存注意事项

通常苯乙烯商品中加有阻聚剂，储存于阴凉、通风的库房，远离火种、热源；库温不宜超过 303. 15 K；包装要求密封，不可与空气接触；应与氧化剂、酸类分开存放，切忌混储；不宜大量储存或久存；采用防爆型照明、通风设施；禁止使用易产生火花的机械设备和工具；储区应备有泄漏应急处理设备和合适的收容材料。

2. 阻聚剂的选择与用量

对储存苯乙烯来说，由于它自聚的特性，必须添加阻聚剂来防止和控制自聚反应的发生。目前采用公认有效的阻聚剂是对叔丁基邻苯二酚（TBC）。它的优点是不会使苯乙烯因适量加入对叔丁基邻苯二酚（TBC）而增加色泽。国家标准（GB 3915—90）规定，苯乙烯中 TBC 含量的指标应为 10 ~ 30 mg/kg，但在实际应用中可根据具体的温度及含氧量情况予以调整。在苯乙烯中加入 TBC 的量任何时候不应低于 10 mg/kg。由于储存一段时间后，若低于 10 mg/kg 时，应及时补充，调节至规定值。TBC 的最低值（危险值）是4 ~ 5 mg/kg，低于这一数值会有发生放热或暴聚的可能。随储存时间的增加，TBC 含量逐渐降低，且存放的温度越高，TBC 含量降低得越快（TBC 失效）。补充 TBC 时不能直接加固体，应先把 TBC 溶解于苯乙烯的浓溶液中，再把溶解后的溶液加入苯乙烯中，充分搅匀。TBC 在苯乙烯中的浓溶液可按 186 g TBC 溶解于 1 L 苯乙烯进行配制。该溶液在室温下，保存于深色瓶中具有极长的有效期。在 1 桶（净重 186 kg）苯乙烯中加 1 mL 的该溶液可增加 1 mg/kg 的 TBC 含量。对大型储罐来说，若将浓溶液配成 200 g TBC 溶于 1 L 苯乙烯（200 g/L），那么加 5 mL 就能使 1 t 苯乙烯增加 1 mg/kg 的 TBC 含量。

为防止暴聚的发生，储存过程中必须检测 TBC 的含量，应采取不定期检测和必要的定期检测相结合的检测方式。

3. 储存温度

在正常储存条件下，苯乙烯的自聚是缓慢的，但是自聚的速度会随温度的升高而加快，因此，在苯乙烯储存时应控制的诸多因素中，温度是最重要的。温度升高，聚合物产生的速度明显加快，阻聚剂消耗也明显增加，苯乙烯的储存时间大大缩短，在 318 K 时，尽管阻聚剂对叔丁基邻苯二酚（TBC）含量达到 12 mg/kg 且含氧饱和（有利于阻聚），也只能存放 8 ~ 12天，即使 TBC 含量达到 50 mg/kg 且含氧饱和（有利于阻聚），存放时间也不足 30 天。

所以，环境温度超过 305. 4 K 时，苯乙烯储罐要有冷冻及保温措施，使苯乙烯在低温下保存。尤其对日平均温度超过 300 K 的地区应重点考虑。当保存温度较高时，则要相应提高 TBC 含量。

4. 氮封的必要性

苯乙烯中完全没有氧气（溶解），TBC 会失去阻聚作用，但是过量氧的存在又会带来一系列问题。因为在苯乙烯上方气相中的苯乙烯蒸气不含阻聚剂，这种苯乙烯蒸气及其冷凝后形成的苯乙烯液滴会迅速被空气中的氧气氧化，并容易吸附在储罐生锈或多孔的表面上。这样，在液相苯乙烯上方的罐顶、支管等处就会生成涂层状、钟乳状或冰柱状的聚合沉积产物。严重时，在管线中也会产生这种生成物。不仅会造成清理储罐时的困难，甚至会破坏储罐的支撑平顶结构。另外，若这些含氧化产物的沉积物（常有色）跌落或溶解入罐中的苯乙烯中，也会使苯乙烯的色泽和聚合物含量增加，影响产品质量。因此必须用惰性气体在苯乙烯液面上进行气封，以减少气相中氧所带来的不良影响，目前通常用氮气进行氮封。

在储存过程中，气相中的惰性气体会逐步置换苯乙烯中的氧，使氧进入气相而逐步增加气相中的氧含量。当气相中的氧含量达到8%（体积分数）时，也会形成爆炸的危险。要常换气封部位的惰性气体，避免使气相中氧含量增加至8%。

5. 储存苯乙烯所用设备的要求

储罐的材料、结构和管线安排是应该认真考虑的问题。选用黑铁材质的储罐是最经济的方案。在罐内可加衬里，也可不加衬里。衬里的材料可用焙烘酚类、改性环氧树脂和催化环氧树脂等。但这些材料都是不导电的，因此建议在立式储罐的底部和离底15~20 cm的部位涂以无机硅酸锌，以便储罐中苯乙烯接地排出静电。储罐的顶部采用拱形顶便于施加衬里，也能使不含阻聚剂的苯乙烯蒸气迅速回落至苯乙烯中，可减少聚合沉积的积聚。对立式储罐来说，物料的进、出罐口应接近罐底，但二者相距要远。除黑铁材料之外，也可用铝罐和不锈钢罐，但在系统中要绝对避免使用铜质或铜合金材料。因为苯乙烯中有机氧化物与铜接触后，能生成铜盐，它有时能溶入苯乙烯，使其变成浅蓝绿色，而且铜盐又是聚合反应的阻聚剂，会影响苯乙烯在聚合工艺中的使用性能。硫酸、磷酸、盐酸、氯化铁和其他金属卤化物等都是苯乙烯的强烈聚合催化剂。所以将苯乙烯注入罐中之前，必须彻底清除这些有害残留物，并进行检测，同时也要清除含有聚合和氧化产物的原有苯乙烯单体。

思考

在苯乙烯的储存中，阻聚剂的用量对苯乙烯的储存有何影响？

三、工业苯乙烯的运输

运输注意事项：铁路运输时应严格按照铁道部《危险货物运输规则》中的危险货物配装表进行配装；运输时运输车辆应配备相应品种和数量的消防器材及泄漏应急处理设备；夏季最好早晚运输；运输时所用的槽（罐）车应有接地链，槽内可设孔隔板以减少振荡产生静电；严禁与氧化剂、酸类、食用化学品等混装混运；运输途中应防暴晒、雨淋，防高温；中途停留时应远离火种、热源、高温区；装运该物品的车辆排气管必须配备阻火装置，禁止使用易产生火花的机械设备和工具装卸；公路运输时要按规定路线行驶，勿在居民区和人口稠密区停留；铁路运输时要禁止流放；严禁用木船、水泥船散装运输。

四、工业苯乙烯的生产安全管理

1. 苯乙烯的接触

接触苯乙烯的作业人员，当空气中苯乙烯浓度超标时，要佩戴过滤式防毒面具（半面罩）、化学安全防护眼镜、防苯耐油手套，穿防毒物渗透工作服。苯乙烯泄漏或火灾事故的救援人员要佩戴空气呼吸器。使用苯乙烯的生产现场禁止吸烟、进食和饮水。接触苯乙烯的作业人员工作完毕后要淋浴更衣，保持良好的卫生习惯。

2. 苯乙烯的泄漏

苯乙烯一旦泄漏，应迅速组织泄漏污染区内的人员撤离至安全区，对泄漏污染区进行隔离，严格限制人员出入，切断火源。救援人员应佩戴防护面具、手套收集漏液，用沙土或其他惰性材料吸收残液，转移到废弃物处置场所。切断被污染水体，限制洒在水面的苯乙烯扩散。

3. 苯乙烯的火灾

苯乙烯若起火，救援人员应尽可能将苯乙烯容器从火场移至空旷处，喷水冷却容器，直至灭火结束。应选择泡沫、二氧化碳、干粉、沙土做灭火剂，用水灭火无效。遇大火，消防人员必须在有防护掩蔽处灭火。

4. 苯乙烯发生暴聚的应急措施

若发现暴聚现象发生或将要发生，根据聚合的程度要采取有力合适的措施。以下几点可供参考：

(1) 加入 TBC 使之含量高至 0.5%，采用外循环冷却系统对产品进行循环冷却，使储罐处于放空状态。

(2) 喷水降低储罐温度，若有可能用密封于金属容器中的冰块冷却苯乙烯，但不能将冰直接投入于苯乙烯中，这样会除去苯乙烯中的 TBC。

(3) 如温度许可，可加入乙苯、甲苯进行稀释。

(4) 如有可能，在苯乙烯聚合固化之前，将罐中的苯乙烯单体移入桶、沟区或漂浮在水面上。

知识拓展

苯乙烯的中毒特征及现场基本处理

一、苯乙烯的中毒特征

较高浓度蒸汽吸入后，可出现眼刺痛、流泪、结膜充血、流涕、咽痛、咳嗽等。严重者可出现头痛、恶心、呕吐、食欲不振、步态蹒跚等。液体溅入眼睛可致烧伤。长期接触苯乙烯会造成慢性中毒，可致神经衰弱综合征，有头痛、乏力、恶心、食欲减退、腹胀、忧郁、健忘、指颤等症状。

二、现场基本处理

1. 深度中毒的现场处理方法

(1) 迅速将患者移离中毒现场，脱去污染的衣服。受污染的眼睛及皮肤用大量清水冲洗。

(2) 保持呼吸道畅通，并给氧气吸入。

(3) 中毒人员要大量饮水，不能催吐，立即到医院接受治疗。

(4) 如中毒人员呼吸停止，救援人员应立即进行人工呼吸。

2. 轻度中毒的现场处理方法

(1) 皮肤接触者应脱去被污染的衣物，用肥皂水和清水彻底冲洗皮肤。

(2) 眼睛接触者应立即提起眼睑，用大量流动清水或生理盐水彻底冲洗眼睛至少 15 min。

(3) 吸入者应迅速离开现场至空气新鲜处，保持呼吸道通畅，如呼吸困难，要输氧。

(4) 食入者应饮足量温水，立即就医。

思考练习题

1. 简述苯乙烯的主要性质与用途。

2. 简述乙苯催化脱氢生产苯乙烯的反应原理。

3. 试分析反应温度、反应压力、水蒸气用量、原料纯度及乙苯空速的变化对乙苯催化脱氢生产苯乙烯有什么影响？

4. 简述乙苯脱氢反应器的结构组成并写出各个部件的作用。

5. 绘制出乙苯催化脱氢生产苯乙烯的工艺流程图（含乙苯脱氢工序和苯乙烯精馏工序），并在工艺流程图上注明各个设备的作用。

6. 在绘制的工艺流程图中注明重要设备的主要工艺指标，分析工艺指标的变化对生产有什么影响？

7. 在绘制的工艺流程图中分析哪些设备内会发生异常现象？这些异常现象是什么？判断这些异常现象产生的原因并找到处理办法。

8. 简述工业苯乙烯的储存和运输要求。

9. 在苯乙烯生产过程中，如何防止苯乙烯燃烧和爆炸？

10. 在苯乙烯生产过程中，如何做好人身防护防止苯乙烯中毒？

参 考 文 献

［1］陈性永，刘健．基本有机化工生产及工艺［M］．2版．北京：化学工业出版社，2006.

［2］曾之平，王扶明．化工工艺学［M］．北京：化学工业出版社，2001.

［3］杨秀琴，苏华龙．基本有机工艺［M］．北京：化学工业出版社，2008.

［4］窦锦民．有机化工工艺［M］．北京：化学工业出版社，2006.

［5］赵仁殿，金彰礼，等．芳烃工学［M］．北京：化学工业出版社，2001.

［6］张子峰，张凡军．甲醇生产技术［M］．北京：化学工业出版社，2008.

［7］胡宏纹．有机化学［M］．2版．北京：高等教育出版社，2007.

［8］高坤，等，有机化学［M］．北京：科学出版社，2007.

［9］上海市化工职业病防治研究所．急性化学中毒抢救手册［M］．上海：上海科学普及出版社，1991.

［10］曾繁芯．化学工艺学概论［M］．2版．北京：化学工业出版社，2005.